ZHIWU
BAIKE QUANSHU

植物百科全书

才林◎主编

江西美术出版社
全国百佳出版单位

图书在版编目（CIP）数据

植物百科全书 / 才林主编 . –– 南昌 : 江西美术出版社，2017.1（2021.11 重印）
（学生课外必读书系）
ISBN 978–7–5480–4928–9

Ⅰ . ①植… Ⅱ . ①才… Ⅲ . ①植物–少儿读物 Ⅳ . ① Q94–49

中国版本图书馆 CIP 数据核字（2016）第 258403 号

出品人：汤 华

责任编辑：刘 芳 廖 静 陈 军 刘霄汉

责任印刷：谭 勋

书籍设计：韩 立 刘欣梅

江西美术出版社邮购部

联系人：熊 妮

电话：0791–86565703

QQ：3281768056

学生课外必读书系

植物百科全书 才林 主编

出版：江西美术出版社

社址：南昌市子安路66号

邮编：330025

电话：0791–86566274

发行：010–58815874

印刷：北京市松源印刷有限公司

版次：2017年1月第1版 2021年11月第2版

印次：2021年11月第2次印刷

开本：680mm×930mm 1/16

印张：10

ISBN 978–7–5480–4928–9

定价：29.80元

　　植物是生命的主要形态之一，是地球生命的重要组成部分。它们不仅为我们提供了维持生命的氧气，还为我们奉献了源源不断的粮食、蔬菜、水果、药材等等；它们不仅自身美，而且美化了我们的生活环境，净化了我们身边的空气。绿色的植物代表着生命的孕育，给人们以生机、希望和启迪。在自然界中，植物虽然不能像动物那样运动，但是它们所体现和展示的美，却是动物所不能替代的！

　　不管是冰天雪地的南极、干旱少雨的沙漠，还是浩渺无边的海洋、炽热无比的火山口，植物都能奇迹般地生长、繁育，把世界塑造得多姿多彩。我们在生活中可能见过很多植物，但是，你知道吗？植物也会"思考"，植物也有属于自己王国的"语言"，它们也有自己的"族谱"。它们也有智慧，甚至也会"说话"。它们中有的食肉成性，有的肆意侵略，有的是人类的朋友，有的却会给人类的健康甚至生命造成威胁。它们拥有的各种特点和趣闻，我们又了解多少呢？

　　身上长刺的植物就一定是仙人掌吗？为什么小草会跳舞？花朵为什么会有各种颜色？松树的叶子为什么总是绿的？你见过会走路的植物吗？究竟什么树能活几千年？如果你对这些问题抱有疑问或者兴趣，就请翻开此书，跟我们一起进入这个熟悉、陌生而又神奇的植物王国吧！为了让小朋友们更深入地了解植物，增长自然科学知识，我们精心编写了这本书。在这里，你可以浏览到许多奇树异果和奇花异草，诸如能产奶的牛奶树、会移动的风滚草、会爆炸的沙盒树以及能改变味觉的神秘果等。

　　本书分为了解植物大家庭、走进人类生活的植物、感受植物的魅力三部分，揭秘了植物之所以千奇百怪的原因，并介绍了有关这些植物的一些小知识，而且对选取的每一种植物的形态、特征以及作用做了详细的介绍。同时，书中还设置了"植物名片""你知道吗"等内容新颖的小栏目，不仅能培养孩子的学习兴趣，

还能不断开阔他们的视野，对知识量的扩充十分有益。此外，书中还配有精美的图片，每个品种都配有植物全图和局部特写图片，力求全方位展现植物的本真形态和细节特征。这样，孩子不仅能更加近距离地感受到植物的美丽、智慧，还能更加深刻地感受到植物的神奇与魔力。打开本书，你将会看到一个奇妙的植物世界。

　　小朋友，还等什么呢？现在就开始进入植物世界冒险吧！从茂密的雨林到渺无人烟的沙漠，从广阔无垠的草原到白雪皑皑的高山，甚至是没有阳光的海底，让我们一起搜寻它们的身影吧！我们相信，在这样一个奇趣无穷的植物世界里，小朋友们一定会在轻松与快乐中满载而归：不但满足了求知欲，还会对身边的世界形成全新的认识。

目录
CONTENTS

植物的种类

植物的生长技能

第二篇

走进人类生活的植物

了解植物大家庭

第一次认识植物

植物的种子

种子是裸子植物和被子植物特有的繁殖体，它由胚珠经过传粉受精形成。一颗小小的种子承载的却是延续植物种族的伟大使命。

种子的生长

种子是植物生命的起源。一颗种子必须要有适合的环境条件，才能慢慢萌芽。种子生长需要充足的水分、适宜的温度和足够的氧气。满足这些条件后，种子的胚根就会穿破种皮，向土壤里生长。不久后，种子分化出的幼芽、幼叶开始进行光合作用，慢慢向上

牡丹种子
发芽过程

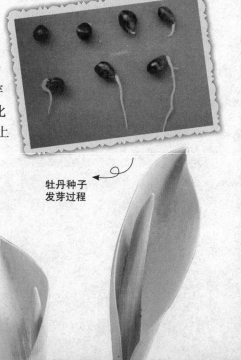

生长，并逐渐将种皮脱落，成长为一株独立的幼苗。

种子的结构

　　植物的种子一般由种皮、胚和胚乳三个部分组成。种皮是种子的盔甲，起着保护种子的作用。胚是种子最重要的部分，可以发育成植物的根、茎和叶。胚乳是种子集中养料的地方，不同植物的胚乳中所含养料不同。

　　种皮，由珠被发育而来，具备保护胚和胚乳的功能。裸子植物的种皮由三层组成，外层和内层为肉质层，中层为石质层。被子植物的种皮结构多种多样：如花生种子外面有坚硬的果皮；棉籽的表皮上有大量表皮毛，就是棉纤维；石榴种皮的表皮细胞伸展很长成为细线状。

　　胚，由受精卵发育形成，由胚根、胚芽、胚轴和子叶组成。胚将来发育成新的植物体，胚根发育成植物的根，胚芽发育成植物的茎和叶，胚轴发育成连接植物的根和茎的部分，子叶为种子的发育提供营养。

　　胚乳，由精子和极核融合后形成。裸子植物的胚乳一般比较发达，多储藏淀粉或脂肪。绝大多数被子植物在种子发育过程中都有胚乳形成，一般把成熟的种子分为有胚乳种子和无胚乳种子两大类。

种子的传播方式

自体传播。指依靠植物体自身进行传播，并不依赖其他的传播媒介。若果实或种子本身具有重量，成熟后会因重力作用直接掉落地面，如毛柿、大叶山榄等；而还有一些则会借果实成熟开裂之际产生的弹射的力量，将种子弹射出去，如乌心石等。

杨树种子

风传播。有些种子会长出形状如翅膀或羽毛的附属物，因此可以乘风飞行，如草本植物黄鹌菜、木本植物柳树和木棉，还有常见的蒲公英等。

水传播。靠水传播的种子表面有不沾水的蜡质，果皮含有气室，比重比水低，可浮在水面上，经由溪流或者洋流传播，如莲叶桐等。

鸟传播。靠鸟类进行传播的种子，大部分是肉质果实，如浆果、核果和隐花果等。通常这一类植物是比较先进的，因为鸟类传播种子的距离是所有传播

方式中最远的。

蚂蚁传播。通常是由二次传播者进行传播。有些鸟类摄食种子后养分并没有全部消耗掉，掉在地上的种子，其表面上还有一些残存的养分可供蚂蚁摄食，这时蚂蚁就成了二次传播者。

哺乳动物传播。靠哺乳动物传播的种子，大部分属于一些大中型的肉质果或干果。如猕猴喜爱摄食芭蕉的果实，也帮助其进行传播。

种子的寿命

种子成熟离开母体后仍是活的，但各类植物种子的寿命有长有短。有些植物的种子寿命很短，如巴西橡胶的种子存活仅一周左右。能活到15年以上的种子算是长寿的，而我国曾发现过一种莲的种子，它已经存活上千年了。种子的寿命长短除了与遗传特性和发育是否健壮有关外，还受环境因素的影响，也就是说可以利用良好的贮存条件来延长种子的寿命。

种子发芽了

植物的根

人的成长需要营养的摄入，植物的成长是否也需要营养呢？答案是肯定的。高等植物在根的帮助下，完成对营养的吸收、输送和贮藏，这样才能快快生长。

根的类型

主根。种子萌芽后，芽突破了种皮的局限，努力向外生长时，不断垂直向下生长的那部分为主根。比如我们熟悉的石榴，当它的种子开始萌芽，一脚踹掉种皮向下生长的条状物就是根。它不断向地下越长越深，就形成了主根。

侧根。当主根长到一定的长度后，产生的一些分支为侧根。比如我们常吃的豆芽，从它的生长过程中就能看到，当它的主根长得较长时，主根的近末端就朝侧面长出了一些分支，这些分支就是豆芽的侧根。

定根与不定根。由胚根发育而成、有固定生长部位的根，叫作定根。定根包括主根和侧根。植物在生长过程中从茎、叶、老根等处长出的根，叫做不定根。比如折断一根柳枝插入潮湿的泥土中，不久就会长出一些根，这些就是不定根。

我发芽啦

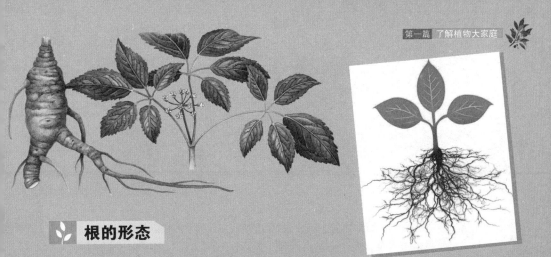

根的形态

从外部形态来看，根有两种类型：直根、须根。
直根一般是由主根和侧根共同构成的，从外观上看，主根发育得很好，长得较为
粗壮，周围有一些比较细小的侧根，如蒲公英的根；须根就没有主根、侧根之分，
是由许多大小差不多的根组成的，就像一脑袋乱蓬蓬的鬈发，如小麦的根。

根的功能

对于植物来说，根大多生长在土壤
里，一般来说是植物的地下部分，是营
养器官。植物的根能将其地上部分牢固
地固定在土壤上，能吸收土壤中的水分
和无机盐，能运输以及储藏养分，并进
行一系列有机化合物的合成、转化。如
玉米、胡萝卜的根具有巩固植株、储藏
养分等作用。

植物的叶子

绿色，是生命的颜色，是大自然的颜色。植物的绿叶不仅装点了我们身处的这个世界，还像一只只小小的手，竭尽全力地接收阳光，进行光合作用和蒸腾作用，制造营养，为植物的生长做贡献。

叶子的构成

植物的叶子可分为叶片、叶柄、托叶三部分，这三部分都有的叶子叫完全叶。如果缺少其中的一部分或两部分，则叫不完全叶。不过，禾本科植物的叶除外，因为它们通常由叶片、叶鞘、叶耳、叶舌四部分组成，如小麦、玉米、稻米、高粱等。

叶片由表皮、叶肉和叶脉构成。叶片有一层排列紧密的细胞，分别称为上表皮和下表皮，也有的叶片呈圆柱形，所以没有两面的区别。表皮包在叶片的外面，起到保护叶片组织的作用。叶肉是由薄壁组织组成的，通常分为栅栏组织和海绵组织。叶肉细胞含有大量的叶绿体，能旺盛地进行光合作用。叶片上明显的脉络叫叶脉，在中央的叫中脉，从中央向边缘分出的许多脉络叫侧脉，叶脉可以为叶片输送水分和养料。

叶柄是叶片与枝相接的部分，是为叶片输送水、营养物质和同化物质的通道。叶柄能使叶片转向有阳光的方向，从而改变叶片的位置和方向，使各叶片不致互相重叠，从而可以充分接收阳光。

托叶是叶柄基部的细小绿色或膜质片状物，通常成对而生。如棉花的托叶为三角形，对幼叶有保护作用；豌豆的托叶大而呈绿色，可起叶的作用。

🌿 叶子的生长期

植物的叶子有一定的生长期。一般来说，叶子的生长期不过几个月，但也有能生长几年的。叶子生长到一定时期便会自然脱落，这种现象叫作落叶。落叶一方面是由于叶子机能的衰老引起的，另一方面是对不利环境的一种适应，因为落叶可以大大减少蒸腾面积，避免植物因缺水而死亡。所以有时落叶对植物并不是一种损失，而是一种很好地适应现象。

木本植物的落叶有两种情况：一种是叶子只存活一个生长季节，每当冬天来临，就全部脱落，这种植物叫作落叶植物，如杨树、柳树等；而另一种是叶子可存活两年至多年，在植株上逐渐脱落，看上去这种树是终年常绿的，叫作常绿植物，如松树、柏树等。

🌿 叶子的外形

植物叶子的形状各有不同，有卵形、心形、扇形、三角形，还有针形等许多形状。叶子的边缘也不一样，有的很光滑，有的又像锯齿一般。如枫叶，像人的手掌；银杏叶，像一把小扇子；松树叶，像一根根绣花针……

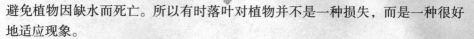

| 卵形 | 心形 | 扇形 | 针形 |

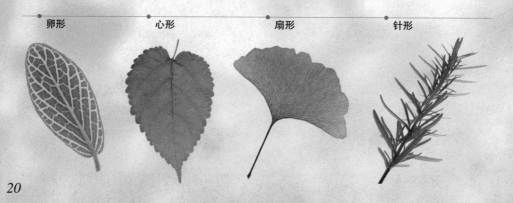

20

羽形

掌形

三角形

大多数植物的叶子里含有大量的叶绿素，所以叶子就是绿色的。也有一些植物的叶子除了含叶绿素外，还含有类胡萝卜素、藻红素、花青素等多种色素成分。如秋海棠，它的叶子就因为含有较多的花青素而呈现出红色。

叶序

植物的茎上生长叶子的方式及规律就是叶序。叶子可以掉了再生长，但它们并不是毫无章法地胡乱生长，而是遵循一定的规则，常见的有簇生、轮生、互生、对生这几种方式。如互生叶的植物，每节只有一片叶子；对生叶的植物，每节在茎的相对两侧各有一片叶子。

簇生　　　　轮生　　　　互生　　　　　　　　对生

叶子的作用

植物的叶子在阳光的照射下，在叶绿体内利用光能及由外界吸收来的二氧化碳和水分，制造出以碳水化合物为主的有机物，并释放氧气。植物的叶子既为植物提供了生长所必需的养分，又为调节空气质量、降低噪声做出了巨大贡献。

植物的茎

如果说根是植物的脚，有了健康的根才能站得稳，长得高。那么茎相当于脊梁，能把植物的根、芽、叶、花等各个部分紧密地连接在一起。

茎的外形

黄瓜卷须

茎的外形是多样的，有的粗，有的细，有的长，有的短。大多数植物茎的外形为圆柱形，也有部分植物的茎为其他形状，比如香附、荆三棱的茎的横切面为三角形，薄荷、薰衣草的茎的横切面为方形，益母草、广藿香的茎的横切面为菱形，仙人掌、蟹爪兰的茎为扁平状。

茎一般分为两个部分。长有芽、叶、花等的部分叫节；两个节之间没有长叶的部分叫节间。茎顶端和节上叶腋处都生有芽，当叶子脱落后，节上留有的痕迹叫作叶痕。

茎的类型

按生长方式分类，茎可以分为地上茎和地下茎两种类型。

地上茎，顾名思义，就是植物的茎长在地面上。茎上生有枝、叶，顶端有顶芽，侧面生有侧芽。地上茎在适应外界环境上有各自的方式，为了使叶有展开的空间，获得充足的阳光，制造出营养物质，地上茎产生了不同的类型：直立茎、缠绕茎、匍匐茎、攀缘茎等。

除了这些类型的茎，也有的地上茎出现了变态，形成不同类型的变态茎：卷须，如黄瓜的卷须；茎刺，如皂荚的茎刺；肉质茎，如仙

人掌的肉质茎；叶状茎，如竹节蓼、天门冬等的叶状茎。

地下茎是植物生长在地下的变态茎的总称。地下变态茎的形状很像根，但它有节和节间之分，节上常有退化的鳞叶，鳞叶的叶腋内有腋芽，这是与根不同的地方。常见的地下茎有4种类型：根状茎，如莲、竹的根状茎；块茎，如马铃薯、菊芋的块茎；球茎，如荸荠、慈姑的球茎；鳞茎，如洋葱、水仙的鳞茎。

按照茎内木质部发达的情况分类，茎可以分为草质茎和木质茎两种类型。

草质茎的构造差异很大，有一些多年生草本植物（具有草质茎的植物）仅在茎的基部和根中有次生生长，大多数一二年生的草本植物茎内没有或仅有少量的次生生长。具有草质茎的植物基本上都生得矮小、柔软。

木质茎里有维管形成层，能够形成坚硬的木质部，增强茎的坚固性。木本植物（具有木质茎的植物）的茎较为坚硬，木本植物有乔木和灌木的区别。乔木的茎为粗大的主干；灌木的茎在地面处有粗细相似的分枝，分不出主干。

🌱 茎的分枝

茎的分枝能够增加植物的体积，有利于繁殖后代。各种植物的分枝包括二叉分枝、单轴分枝、合轴分枝、假二叉分枝等。

二叉分枝，分枝时顶端分生组织平分为两半，每半各形成一小枝，并且在一定时候再进行同样的分枝，如苔藓植物和蕨类植物的分枝。

单轴分枝，主茎的顶芽不断向上生长，成为粗壮主干，主茎上的腋芽形成侧枝，侧枝再形成各级分枝，但它们的生长均不超过主茎，如柏、杉等的分枝。

合轴分枝，茎的顶芽生长迟缓，或枯萎，或为花芽，顶芽下面的腋芽迅速展开，代替顶芽的作用，如此反复交替进行，成为主干，如桃、李、苹果、番茄、桉树等的分枝。

假二叉分枝，顶芽长出一段枝条，停止发育成为花芽，顶芽两侧对生的侧芽同时发育为新枝，新枝的顶芽、侧芽生长活动与母枝相同，实际上是特殊形式的合轴分枝，如丁香、茉莉、石竹等的分枝。

🌱 茎的作用

任何一棵成熟的植物都会有健壮的茎，茎就像一条公路，源源不断地为植物身体的各处输送水和养料，有的还具有进行光合作用、贮藏营养物质和繁殖的功能。因此，如果一株植物的茎部遭到破坏，那么植物将因无法吸收水和养分而慢慢死去。

植物的花朵

人们常常被花朵鲜艳夺目的色彩、婀娜多姿的形态和芳香迷人的气味所吸引，并赋予了它们许多美好的寓意。实际上，植物的花朵不单单是大自然的装饰，它们还担负着孕育新生命的伟大使命。

花朵的构成

花梗，也叫花柄，是连接茎的小枝，也是茎和花朵相连的通道。

花托，是花梗顶端略呈膨大状的部分，花朵的各部分按一定的方式排列于花托之上，有多种形状。

花萼，花朵最外轮的变态叶，由若干萼片组成，通常为绿色，有离萼、合萼、副萼等，它们有保护幼花的作用。

花冠，花朵第二轮的变态叶，由若干花瓣组成，常有各种颜色和芳香气味。花冠有离瓣花冠、合瓣花冠之分，可吸引昆虫传粉，并保护雄蕊、雌蕊。

雄蕊群，一朵花内所有雄蕊的总称，有多种类型。

雌蕊群，一朵花内所有雌蕊的总称。多数植物的花只有一个雌蕊。

茉莉花花苞

🌱 花朵的形状

花朵的形状可以说是千姿百态，在大约 25 万种被子植物中，就有约 25 万种花朵的形态。花朵的形态实际上是因花冠的不同而不同，有漏斗状的牵牛花就像一个个小喇叭；有高脚碟状的水仙花就像一个个精致的高脚杯；有钟形的风铃草就像一串串可爱的小铃铛……

马蹄形　杯形　圆形　高脚碟状　钟形　心形　圆球形　喇叭形

🌱 花朵的颜色

花朵的颜色五彩缤纷，它们的艳丽色彩总能带给人们美的享受。这些美丽的颜色其实是由花瓣里的色素决定的。花瓣里有很多种色素，但最重要的要数类黄酮、类胡萝卜素和花青素。目前，已发现的类胡萝卜素有 80 多种，类黄酮有 500 多种。花青素在不同的酸碱环境中能使花朵产生多种多样的颜色。

淡雅的雏菊

植物的果实

植物通过根、茎吸收养分，长出绿叶，开出花朵，下一步就是结出果实。植物的果实是由雌蕊经过传粉受精，由子房或者花朵的其他部分参与发育而成的，一般包括果皮和种子的器官。

果实的产生

一般情况下，花朵的花药上的细胞产生花粉粒，经过传粉，花粉落到其他花朵雌蕊的柱头上。花粉粒萌发的花粉管伸入胚珠，精子穿过花粉管，与卵细胞融合。受精卵发育成胚，胚珠发育成种子，子房和其他结构发育成果实。由雌蕊子房形成的果实称真果，如桃子、大豆等；由子房与花托或花被等共同形成的果实称假果，如雪梨、苹果等。

果实的分类

果实种类繁多，根据果实来源，可分为单果、聚合果、复果三大类：

单果，由一朵花中的单雌蕊或复雌蕊的子房发育而成的果实，如李子、杏等。

聚合果，由一朵花内若干个离生心皮雌蕊发育形成的果实，每一离生心皮雌蕊形成一独立的小果，聚生在膨大的花托上，如草莓等。

复果，由整个花序发育而成的果实，如桑葚、凤梨、无花果等。

通常又根据成熟果实的果皮

是脱水干燥还是肉质多汁而分为干果与肉质果。干果成熟时果皮干燥，根据果皮会不会开裂，可分为裂果和闭果。肉质果是指果实成熟时，果皮或其他组成部分肉质多汁。供食用的果实大部分是肉质果。

果实的结构

　　果实一般包括果皮和种子两部分。其中，果皮又可分为外果皮、中果皮和内果皮三个部分。当然，在自然条件下，也有不经传粉受精而结果实的，或者受某种刺激而形成果实的，这些果实就没有种子，如香蕉、番茄等。

小麦面粉及麦粒

🌱 果实的味道

果实在生长过程中，除了形态和结构会发生变化，它的味道也会有明显的变化。

涩味。柿、李等果实未成熟时，由于细胞液中含有较多的单宁物质，所以有涩味。在果实成熟过程中单宁物质被酶氧化成无涩味的过氧化物，或凝集成不溶于水的胶状物质，便能使涩味消失。

酸味。未成熟果实中含有多种有机酸，这使水果具酸味。主要的有机酸有苹果酸、柠檬酸和酒石酸等。随着果实的成熟，有的酸转变成糖，有的被氧化，有的被钾离子和钙离子等中和，所以酸味下降。苹果中苹果酸占多数，柑橘中柠檬酸最多，葡萄中则以酒石酸为主。

甜味。果实中积累

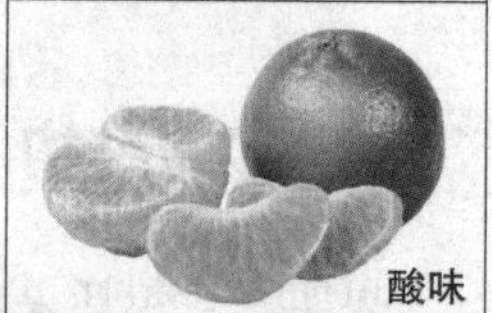

涩味

酸味

甜味

的淀粉，在成熟过程中逐渐被水解，转变为可溶性糖，使果实变甜。果实中的主要糖类有葡萄糖、果糖和蔗糖。不同果实的糖的种类及含量不同。如葡萄含葡萄糖多；桃、柑橘以蔗糖为主；柿、苹果既含较多的葡萄糖和果糖，也含少量的蔗糖。

水果蛋糕

果汁

果实的经济价值

　　果实与人类生活关系极为密切。在人类的食物中，绝大部分是禾谷类植物的果实，如小麦、水稻和玉米等。人们常吃的果品有苹果、桃、柑橘和葡萄等，它们富含葡萄糖、果糖与蔗糖，以及各种无机盐、维生素等营养物质。果实不仅可以鲜食，还能加工成果干、果酱、蜜饯、果酒、果汁和果醋等各类食品和饮品。此外，在中国民间使用的中药材中，枣、茴香、木瓜、柑橘、山楂、杏和龙眼等果实或果实的一部分还能入药。

果脯

水果冰品

植物的种类

藻类植物

早在地球上还没有任何生物存在的时候，海洋里悄悄地长出来一丛丛绿色的生命，从此地球上最古老的植物诞生了，它们就是原核藻类——蓝藻。地球上也从此有了藻类植物这个庞大的集群。

藻类植物的特点

第一，藻类植物形态各式各样，但所有藻类植物体内都含有叶绿素，都能进行光合作用，此外还含有胡萝卜素、叶黄素等，能呈现出成千上万种颜色；第二，藻类植物无根、茎、叶的分化，因而它就是一个简单的叶，因此藻类植物的藻体统称为叶状体；第三，它们的有性生殖器官一般为单细胞，有的也可以是多细胞，但缺少一层包围的营养细胞，这些细胞都直接参与生殖作用。

藻类植物的分布

　　藻类植物分布范围极广，对环境要求不高，适应性较强。它们不仅能生长在江河、溪流、湖泊和海洋，而且在极低的营养浓度、极微弱的光照强度和相当低的温度下也能生活。不管是在热带还是在两极，不管是在积雪的高山上还是在温热的泉水中，不管是在潮湿的地面还是在浅浅的土壤里，几乎到处都有藻类的踪影。

杉叶藻，其下部多浸在水中，上部则露于水面之上，分布在全球各地

藻类植物的大小

　　藻类植物的形态、构造很不一致，因此大小相差也很悬殊。例如众所周知的小球藻，呈圆球形，是由单细胞构成的，直径仅数微米，必须在显微镜下才能看到。而生长在海洋里的巨藻，结构很复杂，体长可达 200 米以上。

藻类植物的种类

藻类植物种类繁多，目前已知的约3万种，由于藻类植物无根、茎、叶等器官的分化，所以根据它们所含色素的成分和含量及其同化产物、运动细胞的鞭毛以及生殖方式等的不同，可以将藻类分为四大类：红藻门、褐藻门、绿藻门和硅藻门。

红藻门，绝大部分生长在深海里，它们通常都是附生在其他植物上。红藻大多数为多细胞，有丝状、分枝状、羽状或片状，形态有圆形、带形、椭圆形。由于它们除叶绿素外，还含有藻红素，因此常呈红色或紫红色。常见的有紫菜、石花、鸡毛藻等。

褐藻门，绝大多数生长在海里，也有少数种类生长在淡水里。褐藻一般由多细胞构成，体形较大。除了叶绿素以外，还含有大量的藻黄素，因此大多呈褐色。常见的有海带、裙带菜等。

绿藻门，藻类家族中的大户。不管是形态结构还是生活方式都是多样的。绿藻不但含有叶绿素 a 和 b，还能将能源转化为淀粉存在其色素中。由于它体内

红藻门

褐藻门

绿藻门

硅藻门

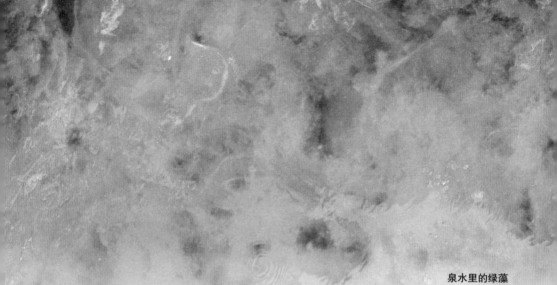

泉水里的绿藻

叶绿素含量较多，所以大多呈绿色。常见的有水绵、海松等。

硅藻门，普遍分布于淡水、海水中和湿土上，是鱼类和无脊椎动物的食料。它是单细胞植物，彼此相连成群体。色素体呈黄绿色或黄褐色，形状有粒状、片状、叶状、分枝状或星状等。

藻类植物的经济价值

重要的天然饵料。小型藻类如扁藻、杜氏藻、小球藻等单细胞藻类蛋白质含量较高，是贝类、虾类和海参类爱吃的食物。

判断水质的依据。水色是由藻类的优势种及其繁殖程度决定的。如在水质肥沃的池塘，衣藻占优势，水呈墨绿色；在水质贫瘦的池塘，血红眼虫藻占优势，水呈红色。

重要的氮肥资源。固氮蓝藻是地球上提供化合氮的重要生物，目前已知固氮蓝藻有120多种，在每公顷水稻田中固氮量为16—89千克。

重要食材。褐藻门的海带、裙带菜，红藻门的紫菜，蓝藻门的发菜，绿藻门的石莼和浒苔等都是美味的食材。

菌类植物

菌类植物是个庞大的家族，几乎无处不在。现在，已知的菌类有10多万种。菌类植物结构简单，没有根、茎、叶等器官，一般不具有叶绿素等色素，因此不能进行光合作用，只能像寄生虫一样，附着在其他生物体上，从其他生物体中摄取营养。

菌类植物的种类

菌类植物可分为细菌门、黏菌门和真菌门三类，彼此并无亲缘关系的生物。

细菌门。细菌为原核生物，繁殖方式常为二分裂，即无性生殖，不进行有性生殖。其多数为异养型生物。

黏菌门。黏菌是介于动植物之间的一类生物，约有500种。黏菌的营养体是裸露的原生质体，称为变形体。由于原生质的流动，黏菌能蠕行在附着物上，并能吞食固体食物。黏菌营养体的结构、行动和摄食方式与原生动物相似，其繁殖方式又与植物相同，故黏菌兼有动物和植物的特性。除少数寄

伞菌一般都可以食用

显微镜下的细菌细胞

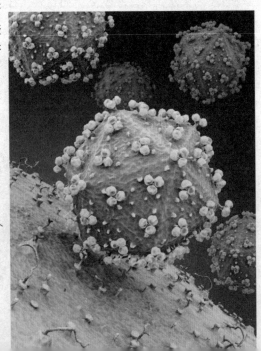

生在种子植物上以外，其余都是腐生。

真菌门。真菌都有细胞核，多数植物体由细丝组成，每一根丝叫菌丝。分枝的菌丝团叫菌丝体。菌丝有的分隔，有的不分隔。高等真菌的菌丝体，常形成各种籽实体，比如常见的银耳、菌灵芝、蘑菇等都是子实体。真菌的生殖方式多种多样，无性生殖极为发达，形成各种各样的孢子；菌丝体的断片、碎片也能繁殖；有性生殖方式多样。

野生银耳

菌类植物的营养价值

菌类和人类的关系极为密切，许多种类可食用，例如木耳、冬菇等。食用菌的特点为高蛋白，无胆固醇，无淀粉，低脂肪，低糖，多膳食纤维，多氨基酸，多维生素，多矿物质。食用菌集中了食品的一切良好特性，营养价值达到植物性食品的顶峰，被称为上帝食品、长寿食品，能够增强免疫力，抗肿瘤，抗病毒，抗辐射，抗衰老，防治心血管病，保肝，健胃，减肥等。

要小心颜色鲜艳的野生菌类

蕨类植物

蕨类植物出现在距今大约 4 亿年前，是泥盆纪时期的低地生长的木生植物的总称。它们需要水分作为再生循环的一部分，自诞生起，已衍生出各种不同的种类，在今日仍是一种生命力顽强的植物。

蕨类植物的历史

因其叶像羊齿，故蕨类植物也叫羊齿植物。地球上的优质煤基本上是由石炭纪时的大型蕨类植物形成的。

在古生代，蕨类植物中的鳞木、芦木都很高大，后来绝大多数在中生代前灭绝了，被埋在地层中慢慢地形成了煤等。现代生存的蕨类植物，多生长在湿润阴暗的丛林里，且多为矮小类型，它们有着顽强而旺盛的生命力，遍布于地球的温带和热带。除了世界上唯一幸存的桫椤是木本外，其他蕨类都是草本。

刚长出来的叶子
是蜷缩着的

蕨类植物的分布

　　按照人们的一般印象，蕨类植物都是生长在阴暗潮湿的林地角落里，但其实在平原、森林、草地、岩隙、泥塘、沼泽等地方都有蕨类植物的身影。地球上生存的蕨类约有 12000 种，分布在世界各地，但它们的根据地还是在热带和亚热带地区。中国约有 2600 种蕨类植物，多分布在西南地区和长江流域以南，尤其以云南省分布得最多，所以云南被称为"蕨类植物王国"。

叶子像羊齿

蕨类植物的形态

　　许多蕨类植物形态优美。通常刚刚生长出来的蕨类植物的叶子是蜷缩成一团的，随着它们慢慢长大，受到温度、湿度的影响，叶子逐渐舒展开，不同的蕨类植物的体形开始呈现出较大的差异。生长在温带地区的蕨类植物，体形较为小巧，如蕨菜，只能长到 1 米左右。而生长在热带地区的蕨类植物，则可以长得很高，比如桫椤，它最多能长到 10 米。

🌿 蕨类植物的经济价值

作为药物。据不完全统计，至少有100多种蕨类植物可以入药，如石松、金毛狗、肾蕨、贯众、槐叶萍等，都具有一定的药用价值。

作为食材。有多种蕨类都可以作为食材。我们常吃的有紫萁、荚果蕨、苹蕨、毛轴蕨等的幼叶。蕨的根状茎富含淀粉，可作为食材和酿酒的原料。

作为工业用料。石松的孢子可作冶金工业上的脱模剂，还可用于火箭、信号弹、照明弹的制造工业上，作为突然起火的燃料。

作为农业用料。有的水生蕨类是优质的绿肥，蕨类植物大多含有单宁，不易腐烂和发生病虫害。如满江红属的蕨类，它们在东西亚被当作稻田的生物肥料，同时还是家禽、家畜的优质饲料。

作为指示植物。一是土壤指示蕨类，如铁线蕨、凤尾蕨等属中的一些种类为强钙性土壤的指示植物，芒萁属为酸性土壤的指示植物；二是气候指示蕨类，如桫椤生长区域表明为热带、亚热带气候地区，巢蕨、车前蕨的生长地表明为高湿度气候环境；三是矿物指示蕨类，如木贼科的某些物种可作为某些矿物（如金）的指示植物。

手绘肾蕨 •

蕨类植物的观赏价值

许多蕨类植物形姿优美，具有很高的观赏价值。它们有的苍翠挺拔，可栽种于庭院、园林中；有的碧绿柔弱，可栽培于室内。作为美丽的观叶植物，铁线蕨、桫椤、肾蕨，尤其是波士顿蕨、山苏花很受人们欢迎。

拥有"蕨类植物之王"美誉的桫椤 •

裸子植物

裸子植物是原始的种子植物，最初出现在古生代。在植物界中，种子是生命的延续，裸子植物却任由其种子裸露着，承受风吹雨打。裸子植物的优越性主要表现在用种子繁殖上，是地球上最早用种子进行有性繁殖的植物种类。

裸子植物的繁殖

裸子植物的孢子体特别发达，并且胚珠呈裸露状态，没有被大孢子叶所形成的心皮包被。裸子植物的花粉粒一般由风力传播，并经珠孔直接进入胚珠，在珠心上方萌发，形成花粉管，进达胚囊，使其完成受精。从传粉到受精这个过程，需经过相当长的时间。受精卵发育成具有胚芽、胚根、胚轴和子叶的胚。原雌配子体的一部分则发育成胚乳，单层珠被发育成种皮，形成成熟的种子。大多数裸子植物还具有多胚现象。

裸子植物的特征和种类

裸子植物的孢子体发达，绝大多数种类为高大乔木，枝条有长条和短条之分，叶多为针形、条形、鳞形，少数为扁平阔叶。现存的裸子植物大约有 800 种，通常分为五纲，包括买麻藤纲、红豆杉纲、苏铁纲、银杏纲和松柏纲。

红豆杉果

银杏纲植物

松树是常见的裸子植物

松树的种子 ◄

🌿 裸子植物的价值

　　裸子植物很多为重要林木，尤其在北半球，大的森林中的树木 80% 以上是裸子植物，如落叶松、冷杉、华山松、云杉等。其中一些木材质轻、强度大、不弯、富弹性，是很好的建筑、车船、造纸用材。苏铁叶种子、银杏种仁、松花粉、松针、松油麻黄及侧柏种子等均可入药。落叶松、云杉等的树皮、树干可提取单宁、挥发油和树脂等。刺叶苏铁幼叶可食，髓可制成西米。此外，银杏、华山松、红松等的种子可以食用。

裸子植物的木材是
很好的建筑用材 ◄

被子植物

大约1亿年前，裸子植物由盛而衰，被子植物得到发展，成为地球上分布最广、种类最多的植物。被子植物也叫显花植物，因为它们拥有真正的花，这些美丽的花是它们繁殖后代的重要器官，也是它们区别于裸子植物及其他植物的显著特征。

被子植物的起源

　　世界上许多学者认为被子植物起源于白垩纪或晚侏罗纪。从花粉粒和叶化石证据中可以看出，被子植物出现于 1.2 亿—1.35 亿年前的早白垩纪。在较早期的白垩纪沉积中，被子植物化石记录的数量与蕨类和裸子植物的化石相比还较少，直到距今 9000 万—8000 万年的白垩纪末期，被子植物才在地球上的大部分地区占据了统治地位。

被子植物的特点

　　被子植物即绿色开花植物，在分类学上常被称为被子植物门，是植物界最高级的一类。被子植物的习性、形态和大小差别很大，从极微小的青浮草到巨大的乔木桉树，都属于被子植物。大多数被子植物

花是被子植物特有的结构

大多数被子植物
都直立生长

直立生长，但也有缠绕、匍匐或靠其他
植物的支撑生长的。它们多含叶绿素，
自己制造养料，但也有腐生和寄生的，
不能自给自足。有几个科的植物还
是肉食的。大多数被子植物
为异花传粉，少数为自花传
粉。胚珠外面有子房壁包被，
种子外面有果皮包被，其受精过
程不需要水，受精方式是双受精，这些特征为被子
植物所独有。

被子植物的分布

被子植物分布在五湖四海，它们
遍地开花，处处为家，适应能力极强。
从北极到赤道，从江河湖海到雪山高原，
从炎热的沙漠到贫瘠的盐碱地，到处都有
被子植物的身影。

被子植物的繁殖

被子植物的繁殖方式分为有性繁殖和无性繁殖两种方式。有性繁殖，即精卵细胞形成、受精、形成胚的过程，这是在植物的花朵中进行的，这也是在所有植物中最复杂、精妙的，可以让两株植物有机会产生基因变异，从而能适应多变的环境。无性繁殖，是指不经生殖细胞结合的受精过程，由母体的一部分直接产生子代的繁殖方法。

玉米的花穗

被子植物的种类

被子植物有1万多属，20多万种，占植物界的一大半。它们形态各异，包括高大的乔木、矮小的灌木等木本植物及一些草本植物。中国有2700多属，约3万种。被子植物能有如此众多的种类和极强的适应性，与它结构的复杂化、完善化是分不开的。特别是繁殖器官的结构和生殖过程的特点，提供了它适应环境、抵御各种风险的内在条件，使它在生存竞争、自然选择的矛盾斗争中，不断产生新的变异，产生新的物种。

成熟的小麦穗

被子植物的价值

被子植物的用途很广。人类的大部分食物都来源于被子植物，如谷类、豆类、薯类、瓜果和蔬菜等。被子植物还为建筑、造纸、纺织、塑料制品、油料、纤维、食糖、香料、医药、树脂、鞣酸、麻醉剂、饮料等提供了原料。据估计，被子植物在农业、林业和生物医药学上发挥作用的种类至少超过 6000 种。还有一些被子植物纯粹用于园艺观赏，栽种花卉已经成为人们美化环境、调节空气的重要手段。

被子植物门代表植物：木兰花

蔬菜大多也是被子植物

① 郁金香　　　　② 菊花　　　　③ 杜鹃花

植物的生长技能

▶▶ ZHIWU DE SHENGZHANG JINENG

光合作用

绿色植物利用太阳光，通过自身的叶绿体储存能量，释放氧气，实现对营养的摄取。这种独特的方式叫作光合作用，这是植物最显著的特征，也是生物界赖以生存的基础。

叶绿素

叶绿素是绿色植物体内所含的主要光合色素，在植物进行光合作用的过程中扮演着极为重要的角色。植物进行光合作用首先是叶绿素从光中吸收能量，然后把经由气孔进入叶子内部的二氧化碳和由根部吸收的水转变成淀粉等能源物质，同时释放氧气。大自然中绿色的山峦、青青的草原，都是叶绿素的功劳。

光合作用的原理

植物与动物不同，它们没有消化系统，因此它们必须利用独特

的方式给自己制造养料，实现对营养的摄入，这是一种自给自足的生活方式。对于绿色植物来说，它们可以利用太阳光，在叶绿素的帮助下，将二氧化碳、水等无机物转化为有机物，并释放出氧气。

光合作用的意义

植物的光合作用是地球生物圈赖以生存的基础。光合作用能将无机物转变成有机物，使之直接或间接作为人类或动物的食物。光合作用还能将光能转变成化学能。绿色植物在同化二氧化碳的过程中，把太阳光能转变为化学能，蓄积在形成的有机化合物中。人类所利用的能源，如煤炭、天然气、木材等都是现在或过去的植物通过光合作用形成的。光合作用还能维持大气中氧气和二氧化碳的相对平衡。在地球上，由于生物呼吸和燃烧需要消耗氧气，而恰恰绿色植物在吸收二氧化碳的同时释放出氧气，所以大气中的氧气含量总能维持在21%左右。

呼吸作用

任何动物都需要呼吸，那么植物需要呼吸吗？答案是肯定的。呼吸作用是生物体在细胞内将有机物氧化分解并产生能量的化学过程，是所有动物和植物都需要进行的一项生命活动。

呼吸作用的过程

呼吸作用的过程可以分为三个阶段：第一个阶段发生在细胞质基质中，葡萄糖初步分解成丙酮酸，产生少量的氢，释放出一小部分能量；第二个阶段发生在线粒体基质中，丙酮酸进一步分解成二氧化碳和氢，同时也释放出少量的能量；第三个阶段发生在线粒体内膜中，氢经过一系列的反应，与氧结合而形成水，同时释放出大量的能量。

有氧呼吸与无氧呼吸

呼吸作用是一种酶促氧化反应。虽然名为氧化反应，但不论有无氧气参与，都可称作呼吸作用。

植物的有氧呼吸是指植物细胞在氧的参与下，通过酶的催化作用，将有机物彻底氧化分解，产生出二氧化碳和水，并释放出大量能量的过程。有氧呼吸是人、动物和植物进行呼吸作用的主要形式。

植物的无氧呼吸是指植物细胞在无氧的环境下，通过酶的催化作用，把葡萄糖等有机物分解成为不彻底的氧化产物，同时释放出少量能量的过程。比如植物在被水淹没的时候，也可以进行短时间的无氧呼吸。

呼吸作用的意义

对生物体来说，呼吸作用具有非常重要的意义，这主要表现在两个方面：第一，为生物体的生命活动提供必要的能量。呼吸作用释放出来的能量，一部分转变为热能并散失，另一部分被储存在三磷酸腺苷中，当三磷酸腺苷在酶的作用下分解时，这部分能量就被释放出来。第二，为植物体内其他化合物的合成提供原料，比如葡萄糖分解时的中间产物丙酮酸是合成氨基酸的原料。

呼吸作用对环境的影响

植物不但能在光合作用的时候制造氧气，还能在呼吸作用的时候制造二氧化碳。不一样的是，光合作用是在白天进行，呼吸作用是白天晚上都在进行，所以植物在晚上只会呼出二氧化碳，因此清晨树林里的二氧化碳含量比较高，不适宜进行晨练。

植物百科全书 >>

蒸腾作用

植物不仅可以进行光合作用和呼吸作用，还具备"出汗"的本领呢。培育一株小小的植物需要浇灌比它的体积多出很多的水，但这些水其实只有一小部分被植物吸收了，大部分就像汗液一样被蒸发掉，这个过程就是蒸腾作用。

🌱 蒸腾作用的过程

土壤中的水由根毛进入根、茎、叶内的导管，通过它们输送到叶肉细胞中。这些水除了一小部分参与了植物的各项生命活动以外，大部分都通过气孔散发到大气中，变成了水蒸气，这就是蒸腾作用的过程。这一过程不仅受外界环境条件的影响，而且受植物本身的调节和控制，因此它是一个复杂的生理过程。

🌱 蒸腾的方式

蒸腾的途径通常分为三种：皮孔蒸腾、角质层蒸腾和气孔蒸腾。

植物进行皮孔蒸腾和角质蒸腾的水分量非常小。皮孔蒸腾约占树冠蒸腾总量的0.1%。角质层蒸腾约占蒸腾总量的5%—10%，长期生长在干旱条件下的植物，其角质层蒸腾量更低。

52

气孔蒸腾就是通过气孔的蒸腾，是植物进行蒸腾作用最主要的方式。气孔是植物进行体内外气体交换的重要门户。水蒸气、二氧化碳、氧气都要共用气孔这个通道，气孔的开闭会影响植物的蒸腾、光合、呼吸等生理过程。

蒸腾作用的意义

对环境而言，蒸腾作用能使空气保持湿润，降低气温，让当地的雨水充沛，形成良性循环，起到调节气候的作用。

就植物水分运输而言，对于那些高大的植物来说，蒸腾作用无疑是它们顶端部分"喝水"的最佳方式。假如没有蒸腾作用，由蒸腾拉力引起的吸水过程便不能产生，植株的较高部分就无法获得水分。

对降温而言，蒸腾作用能够降低叶片的温度。当太阳光照射到叶片上时，如果叶子温度过高，叶片就会被灼伤。而蒸腾作用能够降低叶片表面的温度，使叶子即使在强光下进行光合作用也不会受到伤害。

Chapter 2

第二篇

走进人类生活的植物

榨干我们，就是油

人们做饭时使用的烹调油，大部分是从油棕、花生、大豆、芝麻、油菜、向日葵等一些油脂含量很高的油料植物的果实或种子中提炼出来的，它们为我们食用健康的粮油提供了优质的来源，是餐桌上必不可少的功臣。

🌱 花生

花生，也叫花生米，美名"长生果"，属于植物六大器官中的种子部分。花生的皮一般都是很粗糙的，多数带有方格形的花纹。剥开花生的外衣，里面是一层透明的薄皮，它属于保护组织，颜色大多数是浅红色的，只有少数是深紫色的。

植物名片

中文名：花生
别称：落生、落花生、长生果、泥豆、番豆、地豆
所属科目：蝶形花科、落花生属
分布区域：亚洲、非洲、美洲等地区

冷榨花生油，首先要选用优质花生米，然后剥去红色薄皮，在60℃的低温下进行冷榨、过滤等工艺，生产出花生油来。冷榨的花生油色泽浅，磷脂含量极其低，营养因子因为没有经过高温破坏而得以最大限度的保存，只需在物理过滤后便可食用，被称为"绿色环保营养油"。在各种油料作物中，花生也是产量高、含油量高的植物。

● **营养成分**

花生米中含有蛋白质、脂肪、糖类、维生素A、维生素B_6、维生素E、维生素K，以及矿物质钙、磷、

铁等营养成分，还含有 8 种人体所需的氨基酸及不饱和脂肪酸、卵磷脂、胆碱、胡萝卜素、粗纤维等物质，具有促进人的脑细胞发育，增强记忆的作用。

● 外衣营养

花生米上有一层红红的外皮，它含有丰富的营养成分，有止血、散瘀、消肿的功效，所以吃花生米时，最好不要搓掉它的"红色外衣"。

● 分布广泛

我国花生的产地分布广泛，除了西藏、青海以外，全国各地都有种植，其中山东的花生产量居于全国首位，其次是广东。花生是喜温耐瘠的油料作物，对土壤的要求不高，最喜欢排水良好的沙质土壤。

你知道吗

花生可以生吃，也可以炒、煮、油炸后食用。在诸多吃法中，以炖着吃为最佳。用油煎、炸、爆炒等方法做着吃，对花生中富含的维生素E及其他营养成分破坏很大。花生本身含有大量植物油，遇高热会使甘平之性变为燥热之性，多食、久食或体虚火旺者食之，极易上火。因此，从养生保健及口味方面综合评价，还是用水煮着吃为最好。

🌿 大豆

大豆，其品种包括冬豆、秋豆、四季豆，在我国主要产于东北地区。大豆在中国古代称为"菽"，是一种含有丰富蛋白质的油料作物。大豆呈椭圆形、球形，颜色有黄色、淡绿色、黑色等，是豆科植物中最富有营养而又易于消化的食物，也是蛋白质最丰富、最廉价的食物。

植物名片

中文名：大豆
别称：青仁乌豆、黄豆、泥豆、马料豆、秣食豆
所属科目：豆科、大豆属
分布区域：世界各地

在榨大豆油的时候一定要加热，并且要加热均匀；温度在 60℃ 左右，因为温度低不出油，温度高营养会流失；加热完后进行压榨。这样榨出来的大豆油才是营养最丰富的。大豆油的脂肪酸构成较好，它含有丰富的亚油酸，有显著的降低血清胆固醇含量、预防心血管疾病的功效；大豆中还含有大量的维生素 E、维生素 D 以及丰富的卵磷脂，对人体健康都非常有益。另外，大豆油被人体消化吸收率高达 98%，所以大豆油也是一种营养价值很高的优良食用油。

🔵 栽培广泛

大豆是中国重要的粮食作物之一，已有五千年的栽培历史，通常被认为是由野豆驯化而来，现已知约有 1000 个栽培品种。大豆原产于中国，以东北地区最著名，现广泛栽培于世界各地。

🔵 种类丰富

根据大豆的种皮颜色和粒形，可以分为五类：黄大豆、青大豆、黑大豆、其他大豆、

大豆中含有丰富的大豆异黄酮、大豆卵磷脂、水解大豆蛋白，能够改善内分泌，消除活性氧和体内自由基，能延缓细胞衰老，使皮肤保持光滑润泽，富有弹性。

饲料豆。其中黑色的大豆又叫作乌豆，可以入药，也可以充饥，还可以做成豆豉；黄色的大豆最常见，可以做成豆浆、豆腐，也可以榨油，或者做成大酱、黄豆酱等。其他颜色的大豆都可以炒熟后食用。

诸多用处

大豆加工后的主要产品包括豆油、豆粕和磷脂产品。豆油除作为食用油外，还可作为工业原料和生物燃料；豆粕是重要的饲用蛋白原料，是动物蛋白的主要来源；磷脂产品可用于食用添加剂和饲料添加剂。

59

向日葵

　　向日葵，别名太阳花，高 1~3 米，茎直立，粗壮，圆形多棱角，耐旱，花序的直径可以达到 30 厘米。向日葵原产于北美洲，现在世界各地均有栽培。

　　向日葵的种子叫葵花籽，方言叫作毛嗑、葵瓜子等，人们常常把它炒制之后作为零食。葵花籽也可以榨葵花籽油，

油渣还可以做饲料。向日葵是世界第二大油料作物，在中国的栽培面积仅次于大豆和油菜，是第三大油料作物。葵花籽油是一种干爽的油，具有稳定的油脂，不易被氧化。葵花籽含脂肪油达 50% 以上，其中亚油酸占 70%。此外，葵花籽还含有磷脂，有良好的降脂作用，其中所含的不饱和脂肪酸有助于人体发育和生理调节，能将沉积在肠壁上过多的胆固醇脱离下来，对于预防动脉硬化、高血压、冠心病等有一定作用。

名字由来

　　向日葵又叫朝阳花，因它的花常朝着太阳而得名。英语称之为 sunflower，却

不是因为它向阳的这一特性，而是因为它的黄花花盘像太阳的缘故。

种植历史

　　向日葵的野生品种主要分布在北美洲的南部、西部以及秘鲁和墨西哥北部地区。大约在1510年，航行到美洲的西班牙人把向日葵带回欧洲，开始在西班牙的马德里植物园种植，以供观赏。

朝向秘密

　　向日葵花盘一旦盛开后，就不再跟随太阳转动，而是固定朝向东方了。这是因为向日葵的花粉怕高温，固定朝向东方，可以避免正午阳光的直射，减少辐射量。早上的阳光照射足以烘干它花盘上在夜晚凝聚的露水，减少霉菌侵袭的可能性。

你知道吗

　　野生向日葵的用途很广：种子可以做成点心，还可以提炼成食用油；叶片是家畜喜爱的饲料；花可以做成染料；花托、茎秆、果壳等可作工业原料。

🌿 油菜

　　油菜是我国播种面积最大、分布地区最广的油料作物，在我国主要产于长江流域及西南、西北等地，产量居世界首位。油菜花是喜凉的油料作物，对热量要求不高，对土壤要求不严。

植物名片

中文名：油菜
别称：芸薹、寒菜、胡菜、苦菜、薹芥、瓢儿菜
所属科目：十字花科、芸薹属
分布区域：中国、印度、加拿大等地

　　油菜的种子榨出来的油通常称为菜籽油，简称"菜油"，主要取自甘蓝型油菜和白菜型油菜的种子，它们的平均含油量为40%，含蛋白质21%—27%，含磷脂约1%。人体对菜籽油的吸收率很高，可达99%，因为它所含的亚油酸等不饱和脂肪酸和维生素E等营养成分能很好地被人体吸收，起到软化血管、延缓衰老的功效。菜籽油色泽金黄或棕黄，有一定的刺激性气味，老百姓称之为"青气味"，但特优品种的油菜籽就没有这种味道。

● 营养价值

　　菜籽油中含有多种维生素，其中维生素E含量丰富，是大豆油的2.6倍，而且在长期储存和加热后也不会减少太多，可作为食品中维生素E的

补充来源。

油酸含量

优质菜籽油不饱和脂肪酸中的油酸含量仅次于橄榄油，平均含量在 61% 左右。此外，菜籽油中对人体有益的油酸及亚油酸含量均居各种植物油之冠。

种植区域

根据播种期的不同，油菜可以分为春油菜、冬油菜。春油菜、冬油菜分布的界限，相当于春、冬小麦的分界线略微偏南。我国以种植冬油菜为主，长江流域是全国冬油菜最大产区，其中四川的播种面积和产量均居全国之首。

粮食都从哪里来

随着社会的发展，植物与人类的关系越来越密切，植物对人类的贡献也越来越大，甚至与人类息息相关、密不可分。例如，人们日常吃的粮食、瓜果等都来自植物，植物为人类的生存提供了丰富的营养物质和能量。

玉米

玉米，全世界总产量最高的粮食作物。按颜色来分，它主要有黄玉米、白玉米、黑玉米、杂色玉米这几种，其中种植最普遍的是黄玉米。

作为人们喜爱的一种食物，玉米含有人体所需的碳水化合物、蛋白质、脂肪、胡萝卜素和异麦芽低聚糖、核黄素、

> **植物名片**
>
> 中文名：玉米
> 别称：苞谷、苞米、棒子，粤语称其为粟米
> 所属科目：禾本科、玉蜀黍属
> 分布区域：世界各地

维生素等营养物质。德国营养保健协会的一项研究表明，在所有主食中，玉米的营养价值最高，保健作用最大。但是千万要注意，受潮的玉米会产生致癌物黄曲霉毒素，就不宜食用了。

玉米的谷蛋白低，因此它不适合用来制作面包，但是可以用来做成小朋友们爱吃的玉米饼。除此以外，玉米还可以用来榨油、酿酒，或者制成淀粉和糖浆。

> **你知道吗**
>
> 以玉米淀粉为原料生产的酒精是一种清洁的"绿色"燃料，有可能在未来取代传统燃料而被广泛使用。

生长条件

玉米的生长期较短，生长期内要求温暖多雨。玉米生长耗水量大，如果降水少，灌溉水又不足，就会导致减产甚至绝收。如果秋季初霜来临太早，玉米在成熟期受冻，也会减产。

分布地区

玉米原产地是中美洲。1492年哥伦布在古巴发现玉米，带到整个南北美洲。1494年他又把玉米带回西班牙。这之后，玉米才逐渐传至世界各地。现在，玉米在中国的播种面积很大，分布也很广，是中国北方和西南山区人民的主要粮食之一。

营养丰富

营养学家指出，在当今被证实的最有效的50多种营养保健物质中，玉米就含有7种。玉米是粗粮中的保健佳品，对人体的健康颇为有利，有增强人体新陈代谢、调整神经系统的功能。

稻谷

稻谷，是没有去除稻壳的籽实。人类现今共确认了 22 类稻谷，唯一用来大规模种植的是普通类稻谷。稻谷是我国最主要的粮食作物之一，我国水稻的播种面积约占粮食作物播种总面积的 1/4，产量在商品粮中占一半以上。

<table>
<tr><td colspan="2" align="center">植物名片</td></tr>
<tr><td>中文名：</td><td>稻谷</td></tr>
<tr><td>别称：</td><td>无</td></tr>
<tr><td>所属科目：</td><td>禾本科、稻属</td></tr>
<tr><td>分布区域：</td><td>南亚、南美洲等地区</td></tr>
</table>

　　稻谷籽粒主要是由稻壳和糙米两部分组成。我们每天吃的大米就是用糙米加工出来的。糙米由果皮、种皮、外胚乳、胚乳及胚组成，经过机器加工，碾去皮层和胚等，留下的胚乳就是白花花的食用大米啦。由于谷粒外层蛋白质较里层含量高，因此，精制的大米因被过多地去除外皮，蛋白质含量比粗制的米低。这就是精制大米虽然好吃，但是营养却不如粗制大米的丰富的原因。

我国稻谷种植区域以南方为主，南方3个稻作区约占全国稻谷总播种面积的93.6%。南方省份多种植双季稻，以种植杂交籼稻和常规稻为主，而北方稻区大多种植单季稻，以种植粳稻为主。

● 保存条件

稻谷具有完整的外壳，对虫霉有一定的抵抗力，所以稻谷比一般成品粮好保存。但稻谷容易生芽，不耐高温，保存时需要特别注意。

● 三类稻谷

在我国粮油质量国家标准中，稻谷按照粒形和粒质分为三类：籼稻谷，即籼型非糯性稻谷；粳稻谷，即粳型非糯性稻谷；糯稻谷。

● 历史悠久

我国是稻作文化史最悠久、水稻遗传资源最丰富的国家之一。从浙江河姆渡遗址、罗家角遗址、河南贾湖遗址出土的炭化稻谷证明，中国的稻作栽培至少已有7000年以上的历史，是世界上栽培稻的起源地之一。

高粱

高粱，自古以来就有"五谷之精、百谷之长"的盛誉。它的叶子和玉米的相似，比较窄，花序是圆锥形的，花朵长在茎的顶端。高粱的秆是实心的，中心有髓。穗的形状有带状和锤状两类。颖果呈褐、橙、白或淡黄色。

高粱按照性状和用途可以分为食用高粱、糖用高粱、帚用高粱等类别。高粱在中国的栽培面积较广，以东北各地为最多。食用高粱籽食可以食用、酿酒，我国的茅台、泸州老窖、竹叶青等名酒都是以高粱籽粒为主要原料酿造的；糖用高粱的秆可以制糖浆或者生食；帚用高粱的穗可以制笤帚或炊帚。高粱在中国经过长期的栽培，渐渐形成独特的中国高粱群，明显区别于非洲起源的各种高粱。

植物名片

中文名：高粱
别称：蜀黍、木稷、荻粱、乌禾、芦檫、荬子等
所属科目：禾本科、高粱属
分布区域：中国、非洲等地

● 历史悠久

　　高粱是中国最早栽培的禾本科作物之一。有关高粱的出土文物及农书史籍证明，高粱的种植在我国最少也有 5000 年历史了。《本草纲目》记载："蜀黍北地种之，以备粮缺，余及牛马，盖栽培已有四千九百年。"

● 分布广泛

　　高粱属有四十余种，分布于东半球热带及亚热带地区。高粱起源于非洲，公元前 2000 年已传到埃及、印度，后进入中国。现今，高粱主产国有美国、阿根廷、墨西哥、苏丹、尼日利亚、印度和中国。

● 食疗价值

　　高粱食疗价值相当高。中医认为，高粱性平味甘，无毒，能和胃、健脾、止泻，有固涩肠胃、抑制呕吐、益脾温中等功效。

◆ 你知道吗

　　在莫桑比克的一个溶洞中，考古学家发现了 10.5 万年前的各种石器，而且石器上面粘着许多当地的一种高粱颗粒。由于洞穴中很黑暗，不适合作物生长，这些高粱颗粒肯定不是洞穴中自然产出的。显然，原始人是从洞穴外收集了大量的高粱作物，然后在洞穴中用石器处理外壳后食用它们。这是迄今为止人类发现的最早的食用高粱。

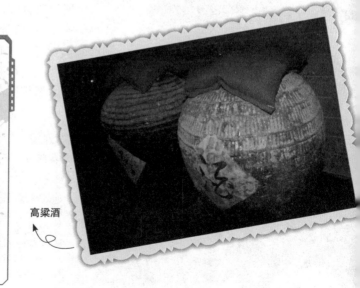

高粱酒

做香料，我是大功臣

植物性天然香料也称植物性精油，是从植物的花、叶、茎、根、果实、树皮或树根中提取的易挥发芳香成分组成的混合物。天然香料以其绿色、安全、环保等特点，日益受到人们的钟爱。

🌿 玫瑰

玫瑰是著名的香料植物。它的茎较粗，上面有很多小刺，花朵呈红色、白色、粉色等颜色，花瓣形状柔美，气味芬芳。

玫瑰作为香料植物，其花朵主要用于食品及提炼成玫瑰油，玫瑰油主要用于化妆品、食品、精细化工等工业。从玫瑰花中提取的香精——玫瑰油，在国际市场上价格昂贵，1千克玫瑰油相当于1.25千克黄金的价格，所以也被称之为"液体黄金"。某些特别的芳香种类，如中国的玫瑰和保加利亚的墨红，专为提炼昂贵的玫瑰油或食用糖渍。

玫瑰油成分纯净、气味芳香，一直是世界香料工业不可取代的原料之一，在欧洲多用来制造高级香水等化妆品。从玫瑰油废料中抽取的玫瑰水，因为没有添加任何添加剂和化学原料，是纯天然护肤品，具有极好的抗衰老和止痒功效。

生长环境

玫瑰喜阳光、耐寒、耐旱，喜欢排水良好、

植物名片

中文名： 玫瑰
别称： 徘徊花、刺客、穿心玫瑰
所属科目： 蔷薇科、蔷薇属
分布区域： 中国、日本、朝鲜、保加利亚、美国等地

疏松肥沃的土壤或轻壤土。所以把它们栽植在通风良好、离墙壁较远的地方，就更容易开出鲜艳、美丽的玫瑰花来。

● 花中皇后

玫瑰是中国传统的十大名花之一，素有"花中皇后"之美称。玫瑰是城市绿化和园林栽培的理想花木，也适用于作花篱。成片的玫瑰花丛，还能修剪出各种造型，点缀广场、草地、堤岸、花池。

你知道吗

玫瑰花含有多种微量元素，维生素C含量高，所以用它制作各种茶点，如玫瑰糖、玫瑰糕、玫瑰茶、玫瑰酱菜、玫瑰膏等，不仅气味芬芳，而且有益于人们的身体健康。玫瑰花的根还可用来酿酒。

● 药用价值

药用玫瑰花具有理气、活血、调经的功效，主治肝胃气痛、上腹胀满和跌打损伤等症。

玫瑰香水

71

薰衣草

　　薰衣草的故乡位于地中海沿岸、欧洲各地及大洋洲列岛。薰衣草花色优美典雅，蓝紫色的花序颀长秀丽，是能在庭院中栽种的耐寒型观赏花卉。

　　薰衣草早在古罗马时代就已经是相当普遍的香草，因为它的功效很多，故被称为"香草之后"。薰衣草的花瓣里有一种芳香的挥发油，在花朵盛开的季节不断挥发，产生阵阵幽香。正因为它的这种独特气味，让它成为全球最受欢迎的香草之一，被誉为"宁静的香水植物""香料之王""芳香药草之后"。从薰衣草中提炼出来的

植物名片

中文名：薰衣草
别称：香水植物、灵香草、香草、黄香草
所属科目：唇形科、薰衣草属
分布区域：地中海沿岸、欧洲各地及大洋洲列岛等地

薰衣草油多用在美容、熏香、食用、药用等方面，用它制作的干花、精油、香包、香枕、面膜、薰衣草茶等深受人们的喜爱。薰衣草精油因为用途广泛而被称为"万油之油"。薰衣草还广泛用于医疗方面，是治疗伤风感冒、腹痛、湿疹的良药。

● 不爱喝水

薰衣草最无法忍受的是炎热和潮湿，若长期受涝容易烂根而死。特别是在开花期，它需要的水分很少；只有在生长期，它才需要大量的水分。

● 神奇功效

薰衣草制成的精油能缓解人紧张的神经，减轻头痛的症状，怡情养性，具有安神、促进睡眠的神奇功效，还可以减轻和治疗昆虫的咬伤。薰衣草的花束还可以驱除昆虫。

● 有关爱情

在欧洲，薰衣草似乎生来就与爱情相关，大量的爱情传说和民间习俗都涉及薰衣草。薰衣草的寓意为"等待爱情"，代表了爱与承诺，人们一直将薰衣草视为纯洁、清净、保护、感恩与和平的象征。

你知道吗

薰衣草茶是以干燥的花蕾冲泡而成的，不加蜂蜜和砂糖也甘香可口。薰衣草茶不带副作用，具有镇静、清凉爽快、消除肠胃胀气、助消化、预防恶心晕眩、缓和焦虑及神经性偏头痛、预防感冒等众多功效。

🌿 茉莉花

在素馨属植物中，最著名的一种是受到人们喜爱的茉莉花。因为茉莉花不仅花香浓郁，还有着良好的保健和美容功效。

植物名片

中文名：茉莉花
别称：香魂、莫利花、末利、木梨花
所属科目：木樨科、素馨属
分布区域：中国、印度等地

茉莉花清香四溢，是著名的花茶原料和重要的香精原料。茉莉花可以薰制成茶叶，或蒸取汁液来代替蔷薇露。地处江南的苏州、南京、杭州、金华等地，长期以来都将茉莉花作为熏茶香料进行生产。

在世界上所有的花香里面，洁白纯净的茉莉花的作用是不容忽视的。我们使用的绝大部分日用香精里都包含有茉莉花香气，如香水、香皂、化妆品，都可以找到茉莉花的香型。不仅如此，茉莉花香气对合成香料工业还有一个巨大的贡献：数以百计的花香香料都是从茉莉花的香气成分里发现的，或者是化学家模仿茉莉花的香味制造出来的。茉莉花的香气是花香中最丰富多彩的，其中包含动物香、青香、药香、果香等。直到今天，研究茉莉花香气成分的过程中仍然不断有新的发现。许多有价值的新香料最早都是在茉莉花油里发现的，所以茉莉花油的身价很高，相当于黄金的价格。

● 种植要求

　　如果在家里盆栽茉莉花，盛夏季节每天要早、晚浇水，而北方空气干燥，还需补充喷水；冬季休眠期，要控制浇水量，盆土过湿会引起烂根或树叶掉落。

● 花香怡人

　　茉莉花叶片翠绿，花朵洁白，香味浓厚，多用于庭园栽培及家庭盆栽。人们用"花开满园，香也香不过它"来歌颂茉莉花，用"一卉能熏一室香"来赞美茉莉花，这全在于茉莉花的香味兼具玫瑰之甜郁、梅花之馨香、兰花之幽远、玉兰之清雅，令人心旷神怡。

你知道吗

　　茉莉花茶能"去寒邪、助理郁"，是春季饮茶之上品。在中国的花茶里，它有着"可闻春天的气味"之美誉。在茶叶分类中，茉莉花茶属于绿茶，但它没有喝绿茶时的涩感，鲜浓醇厚、更易上口，这也是北方人喜爱喝茉莉花茶的原因之一。

茉莉花茶

我能变出甜甜的糖

小朋友们大都十分喜欢甜甜的食物，可是你知道甜食中的糖分都是从哪儿来的吗？有一些植物居然能变出糖来，人们把这些植物称为糖料作物，赶紧来了解一下吧。

甘蔗

甘蔗含糖量十分丰富，原产于中国，是热带和亚热带糖料作物。甘蔗分紫皮甘蔗和青皮甘蔗两种，由于具有清热生津的功效，所以，古人称甘蔗汁为"天生复脉汤"。中国最常见的食用甘蔗是竹蔗，味道清甜可口。甘蔗中含有丰富的糖分、水分，还含有对人体新陈代谢非常有益的各种维生素、脂肪、蛋白质、有机酸、钙、铁等物质。

我们吃的糖，大部分是用甘蔗制造出来的。甘蔗的茎一般有2—6米高，茎里藏着的就是甜甜的甘蔗汁。人们对这些汁液进行提炼，蒸发掉水分，得到

> **植物名片**
>
> 中文名：甘蔗
> 别称：薯蔗、糖蔗、黄皮果蔗
> 所属科目：禾本科、甘蔗属
> 分布区域：热带和亚热带地区

的白色结晶颗粒就是糖。甘蔗除了是制造蔗糖的原料，还可以提炼出乙醇作为能源替代品。

● 出产国家

　　全世界有100多个国家出产甘蔗，较大的几个甘蔗生产国是巴西、印度和中国。甘蔗现广泛种植于热带及亚热带地区，种植面积较大的国家还有古巴、泰国、墨西哥、澳大利亚、美国等。

● 种类特点

　　甘蔗按用途可分为果蔗和糖蔗。果蔗是专供鲜食的甘蔗，它具有较易撕、纤维少、糖分适中、茎脆、汁多味美、口感好以及茎粗、节长、茎形美观等特点。糖蔗含糖量较高，是用来制糖的原料，一般不会用于市售鲜食。

● 产糖历史

　　第一个利用甘蔗来生产糖的国家是印度。公元前320年，生活在印度的古希腊历史学家麦加斯梯尼把糖称作"石蜜"，从这个名称中就可以看出，那时印度已经开始使用糖了。

甘蔗汁

你知道吗

　　甘蔗的下半截比上半截甜。这是因为在甘蔗的生长过程中，它吸取的养料除了供自身生长消耗外，多余的部分就贮存起来了，而且大多贮藏在根部。甘蔗茎秆所制造的养料大部分都是糖类，所以甘蔗根部的糖分最浓。

糖枫

糖枫，是一种落叶大乔木，树干中含有大量淀粉，冬天转化成蔗糖。春天来到，树干中的蔗糖变成香甜的汁液。如果在糖枫树干上钻个孔，汁液便会流出来。糖枫的汁液是一种无色、易流动的液体，含有糖及各种酸与盐分。将汁液中的水分蒸散后，就制成了枫糖浆。

植物名片

中文名：糖枫
别称：糖槭、美洲糖槭
所属科目：槭树科、槭属
分布区域：北美洲等地

这种枫糖浆呈黄褐色，最淡的为最高级，颜色越浓级别就越低。枫糖浆的产量以加拿大为最多。

收集汁液的时候，农夫会在树龄超过 40 年的糖枫树上钻一个深入树干约 5 厘米的洞，并插上导管，挂上收集汁液的桶，让汁液慢慢地滴进桶里。一棵直径为 25 厘米左右的糖枫，一般只能钻一个洞，因为糖枫也需要休养生息，恢复元气。从树干流出的汁液，可以制作成砂糖。用糖枫树汁熬制成的糖是小朋友们爱吃的

枫糖，甘甜爽口。糖枫树汁还常用来制作蜜饯或者调味品。

生长习性

糖枫容易栽种与移植，喜光，并且生长速度相当快，有一定的遮阴效果。秋天，糖枫的树叶呈现漂亮的颜色，因此人们常常把它们种在街道旁及庭园里。

木材优质

糖枫的木材叫作硬枫木，是制作家具和地板的珍贵原料。硬枫木木质坚硬，强韧，密度大，并且纹理细密，颜色很淡，抛光后十分光滑。保龄球道及保龄球瓶便常用硬枫木作为制作材料。

糖浆等级

枫糖浆有三个等级：一级，有浓厚的枫树原味，最适合直接吃；二级，口味稍差点儿，颜色是琥珀色；三级，颜色最深，适合做食品添加剂。

趣味吃法

在加拿大，有一种非常有趣的枫糖浆吃法，被称为"雪上的枫树果汁"，这可是小朋友的最爱。冬天，人们在木板上铺上干净的雪，再把煮沸的枫糖浆淋在雪上，等枫糖浆凝固，用小木棒把凝固的枫糖浆卷起来，就制成很美味的枫糖棒棒糖了。

你知道吗

糖枫是美国纽约州、罗得岛州、佛蒙特州和威斯康星州的州树。枫叶是加拿大的国徽符号，也是加拿大国旗上的图案。

加拿大国旗上的枫叶图案

79

干杯，饮料

植物不仅能为人类提供粮食、治疗疾病，还能作为饮品丰富人们的生活。咖啡、可可和茶叶，并称为世界三大植物饮料，均含有咖啡因，能对人体起到消除疲劳、振奋精神、促进血液循环、利于尿液排出、提高思维活力等多种功效。

咖啡树

咖啡树是常绿小乔木，原产于非洲的埃塞俄比亚。咖啡树的果实分为小果、中果、大果等。成熟的咖啡果外形像樱桃，呈鲜红色，果肉甜甜的，内含一对种子，这就是咖啡豆。咖啡豆炒熟碾成粉后可制成饮料。

植物名片

中文名：咖啡树
别称：无
所属科目：茜草科、咖啡属
分布区域：非洲、美洲、中国等地

咖啡有"黑色金子"之美称，品种有小粒种、中粒种和大粒种。小粒种含咖啡因成分低，香味浓，中粒种和大粒种咖啡因含量高，但香味就差一些。咖啡豆含有咖啡因、蛋白质、粗脂肪、粗纤维和蔗糖等九种营养成分，制作成饮料，不仅醇香可口，略苦回甜，而且有兴奋神经、

驱除疲劳等作用。在医学上，咖啡因可用来作麻醉剂、兴奋剂、利尿剂和强心剂，还能帮助消化、促进新陈代谢。咖啡果的果肉富含糖分，可以用来制糖和酒精。咖啡花含有香精油，能提取出来制成高级香料。

发现咖啡

世界上第一株咖啡树是在非洲之角发现的。当地土著部落经常把咖啡的果实磨碎，再把它与动物脂肪掺在一起揉捏，做成许多球状的丸子。这些土著部落的人将这些咖啡丸子当成珍贵的食物，专门提供给那些即将出征的战士享用。

用作饮料

古时候的阿拉伯人最早把咖啡豆晒干熬煮成汁液后当作胃药来喝，认为其有助于消化。后来发现咖啡还有提神醒脑的作用，于是咖啡又作为提神的饮料而时常被人们饮用。

风靡世界

咖啡作为一种优雅、时尚、高品位的饮料早已风靡全世界，咖啡的种植也遍及 76 个国家和地区，其中以素有"咖啡王国"之称的巴西产量和出口量最多。

可可树

可可树，是热带常绿乔木，原产于南美洲亚马孙河流域的热带森林中。当地人将野生的可可捣碎，加工成一种名为"巧克脱里"的饮料，后发现其具有刺激中枢神经的功能，能够有效地补充人体能量，激发人的运动潜能，因此称其为"神仙饮料"。

16 世纪以前，南美洲人十分喜爱可可豆，甚至把它当作钱币来使用。后来欧洲人来到南美洲，发现可可树的种子内含有 50% 的脂肪、20% 的蛋白质、10% 的淀粉，以及少量的糖分和 0.05% 的咖啡因，故又称其为"神粮树"。人们将可可树的种子发酵烘干后，提取 30% 的可可脂，余下的部分加工成可可粉，用来调制饮料。可可粉里加入糖、牛奶，能制成各种巧克力食品，不仅味美，而且富含营养，受到全世界人民的喜爱。

植物名片

中文名：可可树
别称：无
所属科目：梧桐科、可可属
分布区域：南美洲、非洲、东南亚等地区

● 观赏价值

可可树的花生长在主干和老枝上，果实又长又大，呈红色或黄色，很有观赏价值，是典型的热带果树。

● 生长环境

可可树只在炎热的气候下成长，所以可可树主要分布在以赤道为中心南北纬20度以内的热带地区。可可树的果实内一般含有30—50粒种子，这些种子在常温下是固体，超过37℃就开始熔化。

● 重要食品

每100克可可粉可以产生大约320千卡的热量，因此它是宇航员、飞行员和病人的重要食品。

你知道吗

大约3000年前，美洲的玛雅人就开始培植可可树。他们将可可豆烘干后碾碎，加水和辣椒，混合成一种苦味的饮料。该饮料后来流传到南美洲和墨西哥的阿兹特克帝国，阿兹特克人称之为"苦水"，并将其加工成专门供皇室饮用的"热饮"，叫作chocolate,是"巧克力"这个词的来源。

茶树

茶树为常绿灌木或小乔木，喜欢温暖湿润的气候，而且喜光耐阴，树龄可达数百年甚至上千年。茶树的叶子呈椭圆形，边缘有锯齿，春、秋季时可采嫩叶制成茶叶；种子可以榨油；茶树的材质细密，其木可用于雕刻。

茶叶是由茶树的嫩叶经过发酵或烘焙而成，可以用开水直接冲泡饮用，是绿色保健饮料。将茶树的嫩叶加工成干茶叶作饮料，在我国已有 2000 多年的历史。世界各地的栽茶技艺、制茶技术、饮茶习惯等都源于我国，现在全世界饮茶的人数约占世界总人口的一半，这是中国对世界饮料的一大贡献。我国人民不但最早发现并利用了茶树，而且拥有世界上最多的茶叶品种。依据茶叶制作过程中茶叶的多酚类物质氧化程度的不同，我国将茶叶划分为红茶、绿茶、青茶、黄茶、白茶、黑茶六大类。

植物名片

中文名：茶树
别称：无
所属科目：山茶科、山茶属
分布区域：世界各地

● 药用价值

茶叶中含有多种营养成分，具有特殊的医疗保健作用。经常饮用茶水，除了具有兴奋中枢神经、利尿、降低胆固醇、防止动脉粥状硬化外，对辐射、龋齿、癌症、慢性支气管炎、肠炎、贫血及心血管疾病也有较好的预防作用。

● 产地明确

根据大量的历史资料和近代调查研究材料，不仅能确认中国是茶树的原产地，而且已经明确中国的西南地区（云 南、贵州、四川），是茶树原产地的中心。

● 生命周期

茶树种植后约 3 年起可少量采收，10 年后达盛产期，30 年后即开始老化，此时可把茶树从基部砍掉，让它重新生长，再到老化后就须挖掉重新栽种。

● 生长条件

茶树对紫外线有特殊嗜好，因此高山出好茶。在一定高度的山区，雨量充沛，云雾多，空气湿度大，散射光强，这对茶树生长有利；但如果将茶树种在 1000 米以上的山上，就会受冻害威胁。

● 你知道吗

茶有健身、治疾的药物疗效，又富欣赏情趣，可陶冶情操。品茶待客是中国人高雅的娱乐和社交活动，坐茶馆、茶话会则是社会性群体茶艺活动。中国茶艺在世界享有盛誉，在唐代就传入日本，形成日本茶道。

长在架子上的蔬菜

在我们常吃的蔬菜中，很多瓜豆类都属于蔓性或攀缘性植物，它们需要抓着东西向上爬。由于需要支撑，菜农们在种植它们的时，往往用藤条、柳条或竹片编制成攀缘架子来辅助这些蔬菜的生长。

🌱 丝瓜

夏天，我们的餐桌上常常会出现一种蔬菜——丝瓜，它是一种攀缘性的植物。丝瓜是原产于印度的一种植物，又称菜瓜，现在在东亚地区被广泛种植，在我国珠江三角洲特指为八角瓜。丝瓜的根系非常强大，主蔓和侧蔓生长得十分繁茂，茎节上会长出像胡须一样的分枝卷须。

植物名片
中文名：丝瓜
别称：胜瓜、菜瓜
所属科目：葫芦科、丝瓜属
分布区域：中国、东亚地区

丝瓜花

丝瓜的茎为蔓生，当丝瓜长出5—6片真叶时，就开始吐须抽蔓，这时就可以搭架引蔓了。搭架可根据各地栽培习惯，有搭建平棚的，也有搭建"人"字架的，支架高度在2米左右，一定要牢固耐用，便于丝瓜攀爬生长。根据丝瓜子蔓的生长和结果情况，可以把茎基部的无效子蔓摘除，以利于通风透光，让丝瓜的子蔓分布均匀。

● 营养较高

丝瓜属于夏季蔬菜，所含的各类营养成分在瓜类食物中较高。丝瓜中含的维生素B1能防止皮肤老化，维生素C能使皮肤洁白、细嫩，因此丝瓜汁有"美人水"之称。

● 丝瓜种类

丝瓜分为有棱和无棱两类。有棱的丝瓜称为棱丝瓜，形状像一根棒子，前端较粗，长着绿色的硬皮，没有茸毛，有8—10条棱。无棱的丝瓜称为普通丝瓜，俗称"水瓜"。

● 作用不小

丝瓜成熟时里面的网状纤维称丝瓜络，可代替海绵来洗刷灶具及家具。丝瓜还可供药用，有清凉、利尿、活血、通经、解毒、抗过敏、美容之效。

● 丝瓜络可用来洗碗

⊛ 你知道吗

丝瓜不宜生吃。丝瓜汁水丰富，宜现切现做，以免营养成分随汁水流走。烹制丝瓜时应注意尽量保持清淡，少用油，可勾稀芡，用味精或胡椒粉提味，这样更能显出丝瓜香嫩爽口的特点。

丝瓜炒鸡蛋 ●

扁豆

菜园里，我们常常能见到架子上长着长长的扁豆。扁豆为什么要长在架子上呢？原来，它也是一种攀缘植物。目前在世界上热带、亚热带地区均有栽培。我们日常食用的扁豆一般是扁豆的嫩荚，而扁豆的花和种子是用来入药的。

植物名片

中文名：扁豆
别称：火镰扁豆、膨皮豆、藤豆、沿篱豆、鹊豆
所属科目：豆科、扁豆属
分布区域：温带、亚热带地区

扁豆的植株是蔓生的。当扁豆的豆瓣中长出小茎时，这些扁豆的茎就会顺着人工搭建好的竹竿或者支架，有秩序地从右往上爬。当蔓长到 35 厘米左右的时候就需要搭建"人"字架，引蔓上架了。扁豆的蔓一般会长到 2.5 米左右，生长期长势旺盛，有分枝，花冠呈紫红色。扁豆是一个耐旱力很强的品种，幼苗期只需要很少的水，但蔓伸长后就需要较多的水分。扁豆的适应性很广，对气候和土壤的要求不高，适合在我国广大的蔬菜区大面积种植。

扁豆花

● **生长环境**

扁豆起源于亚洲西南部和地中海东部地区，现在多种植在温带和亚热带地区。由于扁豆喜欢冷凉的气候，所以在热带地区最寒冷的季节或在高海拔地区也有栽培。世界上约有40个国家栽培扁豆，其中亚洲的产量最多。

● **药用价值**

扁豆制成药后，是一种甘淡温和的健脾化湿良药，可以治疗脾胃虚弱、饮食减少、反胃冷吐等病症，还能够祛除暑湿邪气，可以用于治疗夏伤暑湿、脾胃不和所导致的呕吐、腹泻。

你知道吗

家庭烹制扁豆一定要炒熟。因为扁豆不仅含有蛋白质、碳水化合物，还含有毒蛋白、凝集素以及能引发溶血症的皂素，所以一定要煮熟后才能食用，否则可能会出现食物中毒。扁豆越嫩，毒素越小，因此要尽量购买生嫩的扁豆。烹饪前要先去掉扁豆尖及两边的荚丝，再用开水浸泡15分钟，毒素就消失了。

扁豆炒肉 ●

我是治疗疾病的高手

植物界里存在着形形色色的植物类群，有些能够杀人于无形，有些却可以令人起死回生、恢复健康。这些能治病的植物在中国被称为中草药。中国人用它们神奇的功效来治疗疾病，已有几千年的历史，它们为人类社会的发展做出了重大贡献。

人参

人参喜欢阴凉、湿润的气候，多生长在昼夜温差小、海拔在500—1100米的山地缓坡或斜坡地的针阔混交林或杂木林中，并且生长极为缓慢，生长了50多年的人参在干燥后也许只有十几克重。人参是一种多年生草本植物，主根呈圆柱形或纺锤形，根须细长，通常要3年才开花，5—6年才结果。由于人参的全貌颇似人形，所以被称为人参。据说，人参可以活400年，是真正的"寿星"。

人参自古以来就拥有"百草之王"的美誉，更被医学界称为滋阴补肾、扶正固本之极品，是闻名遐迩的"东北三宝"之一。人参的品类众多，产自中国东北长白山的是珍品，吉林的"森娃娃"等更是驰名中

植物名片

中文名：人参
别称：黄参、圆参、人衔、鬼盖、神草、土精、地精
所属科目：五加科、人参属
分布区域：中国、朝鲜、韩国等地

人参的果实

外、老幼皆知的名贵药材。可惜现在的野生人参已经很难找到，日常所见到的人参主要是人工栽培出来的。

野参形状

野山参是人参中的极品。它的主根上端有螺旋纹，中部和下部非常光滑；它的根须粗细均匀，十分柔软。野山参生长在没有受到污染的深山老林中，其药用价值比人工培育的高很多。

生长环境

人参与三七、西洋参等著名药用植物是近亲。野生人参对生长环境要求比较高，它怕热、怕旱、怕晒，要求土壤疏松、肥沃，空气湿润凉爽。每年七八月是人参开花的季节，紫白色的花朵结出鲜红色的浆果，十分惹人喜爱。

人参花

人参汤

你知道吗

人参渗出的汁液可被皮肤缓慢吸收，对皮肤没有任何不良刺激，反而能扩张皮肤毛细血管，促进血液循环，增加皮肤营养，调节皮肤的水油平衡，防止皮肤脱水、硬化、起皱。如果长期坚持使用含人参的产品，能增强皮肤弹性，使皮肤细胞获得新生，所以人参是护肤美容产品中的极品。

91

甘草

甘草喜欢阳光充沛、日照长的干燥气候。它是一种补益中草药，其药用部位是根及地下根状茎。甘草的根呈圆柱形，外皮松紧不一，表面呈红棕色或灰棕色，有芽痕，断面的中部有髓。甘草的气味微甜，其中所含的甘草甜素是重要的解毒物质。甘草不仅是良药，还有"众药之王"的美称。

甘草药性温和，其功效主要表现在清热解毒、祛痰止咳、补脾和胃等方面。此外，甘草还可以用于调和某些药物的烈性，做缓和剂。现代常用甘草制剂来治疗胃及十二指肠溃疡。甘草还有利尿的作用，常作为治疗热淋尿痛的辅助药。因此，甘草又被誉为中草药里的"国老"。

植物名片

中文名： 甘草
别称： 甜草根、红甘草、粉甘草、乌拉尔甘草
所属科目： 豆科、甘草属
分布区域： 亚洲、欧洲等地

甘草多生长在干旱、半干旱的沙土、沙漠边缘和黄土丘陵地带，在河滩地里也易于繁殖。它适应性强，抗逆性也强，具有喜光、耐旱、耐热、耐盐碱和耐寒的特性。在中国，甘草生长在西北、华北和东北等地。

用处广泛

甘草除了药用价值外，还可用作添加剂，使啤酒颜色加深，尤其是对于那些用麦芽酿造的啤酒。甘草还可作为甜味剂加在口香糖中，使口香糖咀嚼起来更加香甜。

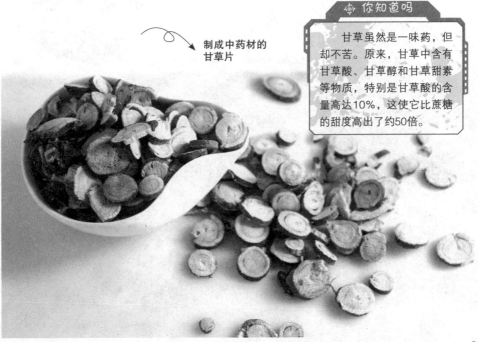

制成中药材的
甘草片

你知道吗

甘草虽然是一味药，但却不苦。原来，甘草中含有甘草酸、甘草醇和甘草甜素等物质，特别是甘草酸的含量高达10%，这使它比蔗糖的甜度高出了约50倍。

三七

　　三七，又叫田七，是我国特有的名贵中药材，也是我国最早的药食同源植物之一。三七在播种以后，要等待 3—7 年才能挖采，因为 3 年以下的三七是没有药效的，所以叫作三七。

　　三七的根部作为药用部分，性温，味辛，具有散瘀止血、消肿定痛的功效，主治咯血、吐血、便血、崩漏、外伤出血、跌仆肿痛等，具有"金不换""南国神草"之美誉。因为经常在春冬两季采挖，所以三七又分为"春七"和"冬七"。由于三七为人参属植物，而且它的有效活性物质高于人参，所以又被现代中药药物学家称为"参中之王"。清朝药学著作《本草纲目拾遗》中记载："人参补气第一，三七补血第一，味同而功亦等，故称人参三七，为中药中之最珍贵者。"扬名中外的中成药"云南白药"和"片仔癀"，就是用三七为主要原料制成的。

植物名片	
中文名：	三七
别称：	田七、山漆、血山草、参三七、六月淋
所属科目：	五加科、人参属
分布区域：	江西、湖北、广东、广西、四川、云南等地

● 生长环境

三七生长在山坡丛林下，喜欢温暖而阴湿的环境，怕严寒和酷暑，也不喜欢多水的地方。三七含有糖，受潮易发霉、易遭虫蛀，但如果将它干燥后储存，保质期最长可达10年之久。

● 药膳价值

三七根须部分的功效与药用价值稍逊于主根块，但它是理想的药膳原料，人们常常用这一部分来煲汤。

● 药用功效

三七的功效作用很大，主要是因为它包含的黄酮类化合物具有改善心肌供血、增强血管壁弹性、扩张冠状动脉的功效，谷甾醇和胡萝卜甙能降血脂。经常食用三七，对冠心病、心绞痛有预防和治疗作用。

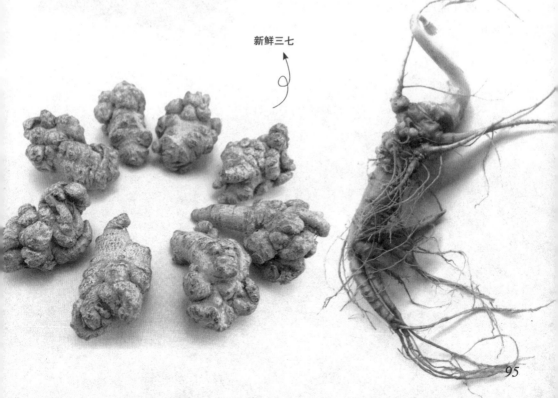

新鲜三七

🌱 枸杞

　　枸杞是人们对宁夏枸杞、中华枸杞等枸杞属下物种的统称。人们日常食用和药用的枸杞大多是宁夏枸杞的果实"枸杞子"。宁夏枸杞是唯一载入2010年版《中国药典》的枸杞品种。

　　枸杞是名贵的药材和滋补品，有降低血糖、抗脂肪肝的作用，还能够抗动脉粥样硬化。中医里很早就有"枸杞养生"的说法。《本草纲目》记载："枸杞，补肾生精，养肝……明目安神，令人长寿。"枸杞全身都是宝，叶、花、果、根均可入药，"春采枸杞叶，名天精草；夏采花，名长生草；秋采子，名枸杞子；冬采根，名地骨皮"。宁夏枸杞在中国栽培面积最大，主要分布在中国西北地区，而其他地区常见的为中华枸杞及其变种。

植物名片

中文名：枸杞
别称：枸杞红实、甜菜子、西枸杞、
　　　狗奶子、血杞子
所属科目：茄科、枸杞属
分布区域：中国、朝鲜、日本、欧洲等地

→ 枸杞林

晒枸杞

名称由来

枸杞这个名称始见于《诗经》。明代的药物学家李时珍云："枸杞，二树名。此物棘如枸之刺，茎如杞之条，故兼名之。"

生长条件

枸杞喜冷凉气候，耐寒力很强。由于其根系发达，抗旱能力强，在荒漠地也能生长。生产上要想获得高产，需要保证水分供给，特别是开花、结果时必须要有充足的水分。但长期积水的低洼地对枸杞生长不利，容易引起烂根或死亡。

观赏价值

宁夏枸杞树形婀娜，叶翠绿，花淡紫，果实鲜红，是很好的盆景观赏植物。现在已有部分枸杞用作观赏栽培，但由于它耐寒、耐旱、不耐涝，所以在江南多雨、多涝地区很难种植宁夏枸杞。

枸杞泡水

你知道吗

枸杞的嫩叶可作蔬菜，在广东、广西等地，吃枸杞芽菜已经非常流行。在菜市场买的枸杞芽菜，基本为中华枸杞，没有宁夏枸杞。

地底下也能长蔬菜

我们知道，绿叶蔬菜是植物的叶子，坚果类食物是植物的种子，瓜果类蔬菜则是植物的果实，那么植物的根或茎能不能吃呢？答案是肯定的。有一些植物具有的肉质根或者块状茎，营养丰富，也可以作为美味的蔬菜为人们食用。

胡萝卜

胡萝卜，不仅是兔子等动物喜爱的食物，也是人类餐桌上最受欢迎的蔬菜之一。胡萝卜实际上是一种肉质的根，可以食用。胡萝卜肥嫩的肉质直根埋在地底下，吸收了土壤中的营养与水分，富含蔗糖、葡萄糖、淀粉、胡萝卜素以及钾、钙、磷等营养成分，在中国的南北方都有栽培，产量占根菜类的第二位。

胡萝卜颜色靓丽，脆嫩多汁，入口甘甜，还可以抗癌，被人们称为地下"小人参"。胡萝卜一般在夏秋播种，秋冬采收。采挖回来的胡萝卜，除去它的茎叶，可以洗净后直接食用，也可以风干之后食用。胡萝卜的品种很多，

植物名片	
中文名: 胡萝卜	
别称: 红萝卜、黄萝卜、番萝卜、丁香萝卜、黄根	
所属科目: 伞形科、胡萝卜属	
分布区域: 世界各地	

红、黄、白、紫，
各种颜色的胡
萝卜

萝卜花吸引来了采蜜的小蜜蜂

按照色泽可以分为红、黄、白、紫等，我国栽培最多的是红、黄两种。

各种类型

根据胡萝卜的肉质根形状，一般分为三个类型：短圆锥形，早熟，耐热，产量低，味甜，适合生吃；长圆柱形，晚熟，根细长，肩部粗大；长圆锥形，大都是中、晚熟品种，味甜，耐贮藏。

挑选方法

挑选胡萝卜时必须要选表皮光滑，形状整齐，无裂口和病虫伤害的，才会有质细味甜、脆嫩多汁的口感。

栽培历史

胡萝卜原产于亚洲西南部，阿富汗是紫色胡萝卜的最早培植地，栽培历史超过 2000 年。10 世纪时，经伊朗传入欧洲大陆，演化发展成短圆锥形橘黄色的胡萝卜。约 13 世纪，经伊朗传入中国，在中国发展成长根型胡萝卜。16 世纪，日本从中国引入了胡萝卜。

你知道吗

常吃胡萝卜能强身健体。胡萝卜富含胡萝卜素，比番茄高 5 至 7 倍，食用后经消化分解成维生素 A，有防止夜盲症和呼吸道疾病、促进儿童生长等功能。胡萝卜还含有较多的钙、磷、铁等矿物质。每天吃两根胡萝卜，可降低血中胆固醇含量。每天吃三根胡萝卜，对预防心脏疾病和肿瘤有奇效。

胡萝卜汁好喝
又营养哦

🌱 马铃薯

马铃薯，又叫土豆。由于它营养丰富，口感又好，所以受到了全世界人民的欢迎，各国菜肴中都能见到马铃薯的身影。马铃薯是中国人的五大主食之一，在中国的种植历史虽然只有 300 多年，可是它的人工栽培最早可以追溯到公元前 8000 年—5000 年的秘鲁南部地区。

马铃薯是一种十分常见的根茎类蔬菜，喜欢低温环境。它的植株分为地上和地下两部分，地上部分有地上茎、羽状复叶、花蕾和果实；地下部分有地下茎、根、匍匐茎和块状茎，它们的形成和生长都需要在疏松透气、凉爽湿润的土壤环境中。马铃薯就是地下部分所长出来的块状茎。块状茎也具有地上茎的很多特性，是由匍匐茎的顶端膨大形成

植物名片

中文名：马铃薯
别称：土豆、洋芋、馍馍蛋、地蛋、地
　　　豆子
所属科目：茄科、茄属
分布区域：中国、印度等地

的。马铃薯由于营养价值高、适应力强、产量大，成了全球第三大重要粮食作物，仅次于小麦和玉米。马铃薯性平味甘，还可以入药，主治胃痛、疟肋、痈肿等疾病。

● 保存条件

马铃薯的保存周期不能太长，一定要在低温、干燥、密闭的环境下保存。发了芽的马铃薯因有轻微毒性，最好不要食用。

美丽的马铃薯花

发了芽的马铃薯有毒
性，千万不能吃

据说，马铃薯是由华侨从东南亚一带引进中国栽培种植的。现在，中国马铃薯产量位居世界第一位。作为菜粮兼用的食品，马铃薯现已遍布世界各地，热带和亚热带国家甚至在冬季或凉爽季节也可以栽培并获得较高产量。

● 多种用途

马铃薯不仅营养价值丰富，而且用途广泛。它含有大量碳水化合物、蛋白质、多种氨基酸、矿物质、维生素等。它既可以当作主食，也可以作为蔬菜食用，或者作为辅助食品，如薯条、薯片等，还可以用来制作淀粉、粉丝等，也可以酿造酒或者喂养牲畜。

红薯

红薯原名番薯，俗称地瓜，是一种生活中经常食用的农作物。由于红薯富含蛋白质、淀粉、果胶、纤维素、氨基酸、维生素以及多种矿物质，含糖量达到15%—20%，具有抗癌、保护心脏、预防肺气肿和糖尿病、减肥等功效，故有"长寿食品"之美誉。

红薯是一种长在地底下的农作物。它的地上部分和地下部分的产量都很高。它的花冠呈粉红色、白色、淡紫色或紫色，茎叶繁茂，根系发达，生长迅速，蒸腾作用很强。红薯在生长中期，进入茎叶生长繁盛期和薯块膨大期，需水量较大。红薯埋在地下的部分大多数是圆形、椭圆形或者纺锤形的块根，块根的形状、皮色和肉色会因为品种或土壤的不同而发生改变。等到它们成熟，就可以从地下挖出来了。

红薯花

植物名片

中文名：红薯
别称：番薯、甘薯、山芋、地瓜、红苕
所属科目：旋花科、番薯属
分布区域：热带、亚热带地区

营养价值

　　红薯的营养成分除了含有脂肪外，蛋白质、碳水化合物等含量都比大米、面粉要高。而且，红薯中蛋白质的组成比较合理，人体必需的氨基酸含量高，特别是粮谷类食品中所缺乏的赖氨酸含量也较高，可以弥补大米、面粉中的营养缺失。因此，经常食用红薯，可以提高人体对主食营养的利用率。

紫红薯

储藏方法

　　中国南方储藏红薯习惯使用地窖。地窖周围的土质以黄土最好，深度大概是3—5米。在霜降来临之前，红薯就需要从地里挖出来。挖时尽量不损坏它的表皮，然后在地窖里将红薯摆放整齐，撒上一些保鲜剂，最后用草堆将地窖口盖上。

你知道吗

　　红薯富含丰富的膳食纤维，具有阻止糖分转化为脂肪的特殊功能，可以促进胃肠蠕动和防止便秘。人们常用红薯来治疗痔疮和肛裂等，而且它对预防直肠癌和结肠癌也有一定作用。

用红薯制作的
红薯粉条

第三篇

Chapter 3

感受植物的魅力

像鱼一样爱着水

自然界中的植物，除了生长在陆地上的，还有相当一部分喜欢生活在水里，这类植物统称为水生植物。水生植物像是出色的游泳运动员或潜水者，能使出十八般武艺，以保证光合作用的顺利进行。

荷花

荷花是在水中生活的高手，它的种子、叶子、根、茎都能在水中自由地呼吸。

荷花的种子，即莲子，外面包着一层致密而坚硬的种皮，就像穿着一件防水外衣，将莲子与外界的水完全分隔开。荷花的叶子也不怕水，盾状圆形的叶子上有14—21条辐射状叶脉，在放大镜

> **植物名片**
>
> 中文名：荷花
> 别称：莲花、水芙蓉、藕花、芙蕖、水芝、
> 　　　中国莲
> 所属科目：莲科、莲属
> 分布区域：中国、印度、泰国、越南等地

下可见叶面上布满粗糙、短小的钝刺，刺间有一层蜡质白粉，能使雨水凝成滚动的水珠。莲藕是荷花横生于淤泥中的肥大地下茎，它的横断面有许多大小不一的孔道，这是荷花为适应水中生活形成的气腔。氧气通过气腔进入叶片，并通过叶柄上四通八达的通气组织向地下扩散，以保证地下器官的正常呼吸和代谢需要。

🔵 家庭种植

　　家养荷花一定要注意，荷花对失水十分敏感。夏季只要3小时不灌水，荷叶便会萎靡；若停水一日，则荷叶边焦黄，花蕾枯萎。荷花还非常喜欢阳光，要是在半阴处生长就会表现出强烈的趋光性。

🔵 栽培历史

　　中国早在3000多年前已开始栽培荷花了，在辽宁及浙江均发现过碳化的古莲子，可见其历史之悠久。而台湾地区的荷花则是在100年前由日本引进的。亚洲一些偏僻的地方至今还有野莲，但大多数的莲都是人工种植的。

🔵 全身是宝

　　荷花全身都是宝。藕和莲子能食用；莲子、根茎、藕节、荷叶、花及种子的胚芽等都可入药。

🔶 你知道吗

　　荷花是高洁、清廉的象征，其"出淤泥而不染"之品格为世人所称颂，历来为文人墨客歌咏绘画的题材之一。荷花还是印度、泰国和越南的国花。

芦苇

中国最出名的芦苇荡恐怕要数华北平原上白洋淀里的芦苇荡了，那里流传着一个个英雄的故事。

芦苇属于挺水植物，通常生长在浅水中。它的根生长在泥土中，具备发达的通气组织，茎和叶绝大部分挺立出水面。实际上，芦苇像两栖动物一样，在陆地和水中都能生长和繁殖。芦苇对水分的适应度很宽，从土壤湿润到长年积水，从水深几厘米至 1 米以上，都能形成芦苇群落。如在水深20—50厘米、流速缓慢的河里或湖里，就能形成高大的禾草群落。芦苇在水中被淹没数十天，待水退去后也能照样生长。我们在灌溉沟渠旁、河堤沼泽地等低湿地中就能找到它们。

植物名片

中文名：芦苇
别称：苇、芦、蒹葭
所属科目：禾本科、芦苇属
分布区域：世界各地均有生长

野趣横生

芦苇茎直株高，迎风摇曳，野趣横生。曾有诗赞芦苇："浅水之中潮湿地，婀娜芦苇一丛丛。迎风摇曳多姿态，质朴无华野趣浓。"

冬天的芦苇

● 工业作用

由于芦苇的叶、叶鞘、茎、根状茎和不定根都具有通气组织，所以它能在净化污水中起到重要的作用。芦苇茎秆坚韧，纤维含量高，是造纸工业中不可多得的原材料。

● 药用价值

芦苇能入药治病。芦叶能治霍乱、呕逆、痈疽，芦花可止血解毒，治鼻衄、血崩、上吐下泻。芦茎、芦根更是中医治疗温病的良药，能清热生津，除烦止呕，古代许多药物书籍上都对此有详尽记载。颇为有名的千金苇茎已远销海外。

你知道吗

芦苇秆含有纤维素，可以用来造纸和人造纤维。中国从古代就用芦苇编制苇席铺炕、盖房或搭建临时建筑。芦苇的空茎可制成乐器芦笛。芦苇茎内的薄膜可做笛膜。

芦苇花

芦苇茎

芦苇秆

睡莲

睡莲，又称子午莲、水芹花，是水生花卉中的贵族。睡莲的外形与荷花相似，不同的是荷花的叶子和花是挺出水面的，而睡莲的叶子和花多是浮在水面上的。睡莲因花朵昼舒夜卷而被誉为"花中睡美人"。

植物名片

中文名：睡莲
别称：子午莲、水芹花、瑞莲、水洋花、小莲花
所属科目：睡莲科、睡莲属
分布区域：广布于世界各地

睡莲喜欢阳光充足、通风良好的环境，白天开花的睡莲在晚上花朵会闭合，到早上又会张开。睡莲的根状茎粗短，叶浮于水面，有的接近圆形，有的是卵状椭圆形。叶片直径6—11厘米，幼叶有褐色斑纹，下面呈暗紫色，成熟的浓绿色叶片没有毛。花长在细长的花柄顶端，有各种颜色。如果让睡莲离开水超过1小时，它可能会因吸水性丧失而失去开放能力，可见其对水的依赖性极强。睡莲的花色艳丽，花姿楚楚动人，在一池碧水中宛如冰肌玉骨的少女，被人们赞誉为"水中女神"。

● 分布广泛

　　睡莲属为睡莲科中分布最广的一属，除南极之外，世界各地皆可找到睡莲的踪迹。睡莲还是文明古国埃及的国花。

● 园林运用

　　早在 2000 年前，中国汉代的私家园林中就出现过睡莲的身影。在 16 世纪，意大利就把它当作水景主题材料。

● 净水能手

　　由于睡莲根能吸收水中的汞、铅、苯酚等有毒物质，还能过滤水中的微生物，是难得的净化水体的植物，所以它们在城市水体净化、绿化、美化建设中备受重视。

朝露中的睡莲　　　　　　　　　　　　　　　　盛放的粉红色睡莲

东奔西跑的种子

植物传播种子的方式多种多样，比如动物传播、风力传播、水传播、自体传播，等等。虽然方式不一样，但目的只有一个——繁殖后代。瞧，下面这些种子为了下一代又要东奔西跑了。

蒲公英

蒲公英，在江南有个好听的名字，叫华花郎。蒲公英开黄色的花，花朵凋谢后，就会留下一朵朵白色的小绒球，这些就是蒲公英的种子，上面的白色小绒毛叫作"冠毛"。

我们看到的蒲公英的花实际上是个头状花序，由很多的小花组成。经过昆虫授粉，里面的种子就慢慢成熟，每一

植物名片

中文名：蒲公英
别称：华花郎、婆婆丁、尿床草等
所属科目：菊科、蒲公英属
分布区域：中国、朝鲜、蒙古、俄罗斯等地

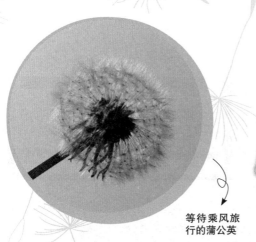

等待乘风旅
行的蒲公英

颗种子上都带着一团绒毛样的东西，很轻。风一吹，种子便随风传播到很远的地
方去，就像一把把小小的"降落伞"。风一停，种子便会落下来，遇到条件合适
的新环境就可以生根发芽，孕育新生命，长成一棵新的蒲公英。

● 生长条件

　　蒲公英自身的抗病、抗旱、抗虫能力很强，一般不需进行病虫害防治，只要
施肥和浇水就可以了。蒲公英虽然对土壤条件要求不严格，但是它还是喜欢肥沃、
湿润、疏松、有机质含量较高的土壤。

● 名字由来

　　蒲公英的英文名字来自法语，意思是狮子牙齿，因为蒲公英叶子的形状就像
狮子的一嘴尖牙。蒲公英的叶子从根部上面一圈长出，围着一两根花茎。花茎是
空心的，折断之后会有白色的乳汁溢出。花朵为亮黄色，由很多细花瓣组成。成
熟之后，花朵变成圆圆的蒲公英伞，世界各
国儿童都以吹散蒲公英伞为乐。

● 营养成分

　　蒲公英中含有蒲公英醇、蒲公英素、胆
碱、有机酸、菊糖等多种健康营养成分，
有利尿、缓泻、退黄疸、利胆等功效。
蒲公英同时含有蛋白质、脂肪、碳
水化合物、微量元素及维生素等，
有丰富的营养价值。

盛开的蒲
公英花

柳树

"柳絮纷飞"一词，是我们经常用来描写春天的景色的词语，其实这也是在描述柳树种子的传播情形。每当清风拂来，柳树上的柳絮就会随风飘落，美丽极了。柳絮是柳树的种子，很小，外面是洁白的绒毛，随风飞散如飘絮，所以有"柳絮"一词。

植物名片

中文名：柳树
别称：水柳、垂杨柳、清明柳
所属科目：杨柳科、柳属
分布区域：中国大陆、亚热带地区

柳树有长得像毛毛虫一样的花序，这种花序有雌雄之分，成熟时整个脱落，雌花序中的果实裂成两瓣，具有白色茸毛的种子就随风飘散出来。柳树生长快，容易繁殖，生命力强，既可美化环境，又可作为经济用材，是很好的绿化树种，在中国已有数千年的栽培历史。

生长环境

柳树属于广生态幅植物，对环境的适应性很强，喜欢阳光、潮湿，是中生偏湿树种。但也有一些柳树种类是比较耐旱和耐盐碱的，即使在生态条件较恶劣的地方也能够生长，在条件优越的平原沃野，会生长得更好。柳树的寿命一般为20—30年，少数种类可达百年以上。

如毛毛虫般的柳树花序

花丛中满是柳絮

114

● 实用价值

柳树材质轻，易切削，干燥后不变形，无特殊气味，可做建筑、坑木、箱板和火柴梗等用材；柳树由于木材纤维含量高，是造纸和人造棉的原料；柳木、柳枝是很好的薪炭材；许多种柳条可编筐、箱、帽等；柳叶可作羊、马等的饲料。

● 观赏价值

柳树对空气污染及尘埃的抵抗力强，适合在都市庭园中生长，尤其适合于水池或溪流边，它的枝条细长而低垂，为优美的观赏树种。

你知道吗

阿司匹林是人类常用的具有解热和镇痛等作用的一种药品，它的学名叫乙酰水杨酸。在中国和西方，人们自古以来就知道柳树皮具有解热镇痛的神奇功效。在中药里，柳树入药亦多显功效。

凤仙花

凤仙花，身高为 60—100 厘米，全株分根、茎、叶、花、果实和种子六个部分。因其花头、翅、尾、足都高高地翘起，像高傲的凤凰头，所以人们又叫它金凤花。

凤仙花的英文别名叫作"别碰我"，因为它的籽荚只要轻轻一碰就会弹射出很多籽儿来。凤仙花的果实在 8—10 月成熟为蒴果，形状为尖卵形，具有绒毛，成熟时会爆裂，自动弹出种子，人们把这种传播种子的方法叫作弹射传播。当你看到它果实饱满的时候，你可以用手去碰它，它会整个弹开，曲成一个猫爪子的形状，同时将黑色的果实弹出，落到周围地面，进行种子传播。如果是有风或者其他的接触，同样也会令成熟的果实弹开。凤仙花传播种子，依靠的是"自力更生"。

植物名片
中文名： 凤仙花
别称： 金凤花、好女儿花、指甲花、小桃红等
所属科目： 凤仙花科、凤仙花属
分布区域： 中国、印度等地

待果实成熟，弹出种子

花色迷人

凤仙花花形如鹤顶，似彩凤，状蝴蝶，姿态优美，妩媚悦人。凤仙花因其花色、品种极为丰富，因此成为美化花坛的常用材料，可丛植、群植和盆栽，也可作切花水养。香艳的红色凤仙和娇嫩的碧色凤仙都是早晨开放，需要把握欣赏的最佳时机。

生长环境

凤仙花生性喜欢阳光，害怕潮

湿，所以在向阳的地势和疏松肥沃的土壤中能茁壮成长，在较贫瘠的土壤中也可以生长，是人们喜爱的观赏花卉之一。

● **食用价值**

人们在煮肉、炖鱼时，放入数粒凤仙花种子，肉易烂、骨易酥，而且菜肴变得别具风味。凤仙花嫩叶焯水后可加油、盐凉拌食用。

小凤仙

非洲凤仙

 你知道吗

在中东、印度等地称凤仙花为"海娜"。因为它本身带有天然红棕色素，所以中东地区的人们喜欢用它的汁液来染指甲。据记载，埃及艳后就是用凤仙花来染头发的。著名的印度身体彩绘，也是用它来染色的。

我们不得不做"寄生虫"

和动物界一样，植物界也有"寄生虫"。它们必须依赖其他植物为其提供营养才能生存，但如果这样的"寄生虫"植物多了，寄主植物也会受到损害。

槲寄生

槲寄生，顾名思义，就是寄生在其他植物上的植物。槲寄生是常绿小灌木，在冬天也长着绿色的叶子，它们能够通过光合作用制造一些养分，但这远远不能满足其自身的需求，所以它们只好寄生在别的树木身上，通过从寄主那里吸取水分和无机物来给自己增加营养。

植物名片

中文名：槲寄生
别称：寄生子、北寄生、桑寄生、柳寄生
所属科目：桑寄生科、槲寄生属
分布区域：中国、俄罗斯、日本、朝鲜、韩国等地

远远望去，槲寄生像鸟巢一样紧紧贴在寄主枝条上，长着又小又绿的叶子。它们在别的树木的枝条上生根，一般不会给寄主植物带来太大的伤害，但是如

寄生在杨树上的槲寄生结出了淡黄色的果实

你知道吗

槲寄生有着深厚的文化底蕴，常青的槲寄生代表着希望和丰饶，在英语里有特殊的寓意。在英国有一句家喻户晓的话：没有槲寄生就没有幸福。

果同时在一棵树上寄生太多，树也会枯死。

槲寄生还有个奇特的地方，那就是它寄生在不同的树上可以结出不同颜色的果实。比如说，寄生在榆树上的槲寄生果实为橙红色的，寄生于杨树和枫杨上的结出的果实则呈淡黄色，寄生于梨树上的结出的果实则呈红色或黄色。

● 寄生宿主

槲寄生生于海拔为 500—1400 米的阔叶林中，通常寄生于榆、杨、柳、桦、栎、梨、李、苹果、枫杨、赤杨、椴属植物上，有时有害于宿主。

● 药用价值

槲寄生带叶的茎枝可供药用，具有补肝肾、强筋骨、祛风湿、安胎等功效。槲寄生中的提取物可改善微循环，它的总生物碱还具有抗肿瘤的作用呢！

这是一群爱吃肉的植物

常听说牛吃草、兔子吃青菜，现在要向大家介绍的却是植物吃动物。当然，并不是草吃牛或者青菜吃兔子这样的，而是一些奇特的吃小昆虫的植物的故事。

猪笼草

猪笼草的身材很奇特，它们的叶子上长着一根又长又卷的胡须，连接着一个有着胖胖大肚子的瓶子。这个瓶子因为长得很像猪笼，所以人们叫它们猪笼草。又因为它们的笼口有笼盖，像个酒壶，所以海南人又叫它们雷公壶。

猪笼草捕虫的过程和瓶子草差不多。它胖胖的大肚子就是捕食昆虫的工具。猪笼草的笼盖分泌出香味和蜜汁，这种蜜汁对昆虫而言是一种巨大的诱惑，因此，很容易就能引诱昆虫前来取食蜜汁。由于笼口十分光滑，昆虫很容易就滑落到瓶内，被瓶底分泌的消化液淹死，这些消化液分解出昆虫的营养物质，使其成为猪笼草的美味营养餐。

植物名片
中文名：猪笼草
别称：水罐植物、猴水瓶、猪仔笼、雷公壶
所属科目：猪笼草科、猪笼草属
分布区域：中国广东、海南，东南亚等地

● 生长环境

　　大多数猪笼草都喜欢生活在湿度和温度都较高的地方，一般生长在森林或灌木林的边缘或空地上。少数物种，如苹果猪笼草，就喜欢生长在茂密阴暗的森林中。

● 一次性工具

　　猪笼草的每一片叶片都只能产生一个捕虫笼，若捕虫笼衰老枯萎或是因故损坏了，原来的叶片并不会再长出新的捕虫笼，只有新的叶片才会长出新的捕虫笼。

● 烹饪工具

　　在东南亚地区，当地人会将苹果猪笼草的捕虫笼作为容器烹调"猪笼草饭"。他们将米、肉等食材塞入捕虫笼中进锅蒸熟，类似中国的蒸粽子。猪笼草饭是当地的一种特色食品，很具有东南亚风味。

一只小虫子进入猪笼草的笼中

● 你知道吗

　　中药材中的雷公壶就是猪笼草属中的奇异猪笼草，一般秋季采收，切段晒干入药，可清肺润燥，行水，解毒。

121

捕蝇草

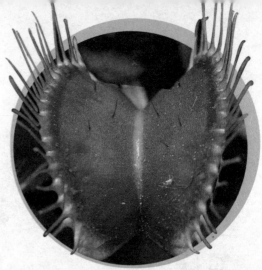

　　捕蝇草与瓶子草捕食的方式不一样，捕蝇草是吸取各种微生物分解后的养分，它们被誉为"自然界的肉食植物"。

　　夏天，捕蝇草一左一右对称的叶子张开，形成一个夹子状的捕虫器。捕虫夹内侧呈现红色，上面覆满微小的红点，这些红点就是捕蝇草的消化腺体。叶缘部分会分泌出蜜汁来引诱昆虫靠近。在捕虫夹内侧可见到三对细毛，这些细毛便是捕蝇草的感觉毛，用来侦测昆虫是否走到适合捕捉的位置。当昆虫进入叶面部分时，碰触到属于感应器官的感觉毛两次，左右的叶子就会迅速地合起来，捕虫夹两端

植物名片

中文名：捕蝇草
别称：食虫草、捕虫草、苍蝇的地狱
所属科目：茅膏菜科、捕蝇草属
分布区域：北美洲、亚洲、非洲及大洋洲的热带和亚热带地区等

的毛正好交错，像两排锋利的牙齿围成一个牢笼，使昆虫无法逃走。这时，消化腺分泌出消化液将昆虫体内的蛋白质分解并进行吸收，而剩下的那些无法被消化掉的昆虫外壳，则被风雨带走。

姿态优美的捕蝇草

确认猎物

被捕的昆虫不停地挣扎，给捕蝇草不停地刺激，这正表明捕虫器所捉到的确实是昆虫，是活的猎物。如果误捉到枯枝、落叶，聪明的捕蝇草就会通过这种方式确认不是昆虫，没必要将消化液浪费在无法消化掉的杂物上，于是，它们会在数小时之后重新打开捕虫器，等待下一个猎物。

观赏价值

捕蝇草的叶片属于变态叶中的"捕虫叶"，外观有明显的刺毛和红色的无柄腺部位，样貌好似张牙舞爪的血盆大口，是很受人们欢迎的食虫植物，可种植在向阳窗台或阳台上进行观赏。

能力有限

捕蝇草的每片叶片大约可以捕捉小昆虫 12—18 次，消化 3—4 次，一旦超过这个次数，叶子就会失去捕虫能力，渐渐枯萎。

颜色艳丽的捕蝇草　　　　　　　　　　　　　　一只苍蝇成了捕蝇草的猎物

我们不怕热

有一类植物十分耐旱，在沙漠里、戈壁上都能顽强生长，这全靠它们有一身适应环境的本领。当土壤和空气潮湿时，它们可以直接吸水；当空气干燥时，它们体内的水分迅速蒸腾散失，但原生质并未凝固，而是处于休眠状态。有的种类能忍受风干数年，一旦获得水分，便可立即恢复生命状态，积极生长，令人佩服。

仙人掌

生长在干旱环境里的仙人掌有一种特殊的本领。在干旱季节，它可以不吃不喝，把体内的养料与水分的消耗降到最低程度。当雨季来临时，它的根系立刻活跃起来，大量吸收水分，使植株迅速生长并很快地开花结果。

植物名片
中文名： 仙人掌
别称： 仙巴掌、霸王树、火焰、火掌、牛舌头
所属科目： 仙人掌科、仙人掌属
分布区域： 南美、非洲、中国、东南亚等地

仙人掌表面有层蜡质，叶子进化成针状，缩小了外表面积，从而减少了水分蒸腾。仙人掌的树干充当水库，根据其蓄水的多少可以进行膨胀和收缩，而上面的叶绿素代替了叶片进行光合作用。皮上的蜡质保护层可以保存湿气，减少水分流失。尖尖的刺可以防止口渴的动物把它当成免费饮料。仙人掌的根都很浅，只扎在地下一点点，但根系分布却能扩展到它周围一两米的区域，以便尽可能地多吸水。当下雨时，仙人

掌会生出更多的根。当干旱时，它的根会枯萎、脱落，以保存水分。仙人掌以它那奇妙的结构、惊人的耐旱能力和顽强的生命力，而深受人们的赏识。

种类繁多

仙人掌科植物是个大家族，它的成员至少有2000多种。墨西哥分布的种类最多，素有"仙人掌王国"之称。在这里，仙人掌被誉为"仙桃"。

求生本领

原始的仙人掌类植物其实是有叶的。它们原来分布在不太干旱的地区，外形和普通的植物并没有多大的区别。但由于气候的变化，原来湿润的地区变得越来越干旱，它们为了适应环境以求生存而不得不改变了形态。

观赏价值

别看仙人掌长得奇形怪状，还有锐利的尖刺，令人望而生畏，但它们开出的花朵却分外娇艳，花色也丰富多彩。如长鞭状的"月夜皇后"可以开出的白色大型花朵，直径可达50—60厘米，而形状、颜色各不相同的刺丛与绒毛也受到许多观赏者的喜爱。

仙人掌开花啦

你知道吗

仙人掌被称为"夜间氧吧"，因为它的呼吸多在晚上比较凉爽、潮湿时进行。不仅如此，仙人掌还是吸附灰尘的高手呢！在室内放置一棵仙人掌，特别是水培仙人掌，可以起到净化空气的作用。

胡杨

胡杨也是不怕热的植物，能够忍耐45℃的高温。它多生长在沙漠中，不仅能抗热，还能抵抗干旱、盐碱和风沙等恶劣环境，对温度大幅度变化的适应能力也很强。由于它生长所需的水分主要来自于潜水或河流泛滥水，所以它具有伸展到浅水层附近的根系、强大的根压和含碳酸氢钠的树叶。我们可以根据胡杨生长的痕迹就能判断沙漠里哪里有或曾有水源，而且还能判断出水位的高低。因为胡杨靠着根系的保障，只要地下水位不低于4米，它就能生活得很自在；而在地下水位跌到6—9米后，就会显得萎靡不振；地下水位如果再低下去，它就会死亡。

植物名片

中文名：胡杨
别称：胡桐、英雄树、异叶胡杨、异叶杨、水桐
所属科目：杨柳科、杨属
分布区域：中国西北大漠及其他干旱沙化区

沙漠守护神

● 身形壮美

胡杨天生就能忍受荒漠中干旱的环境。长大后，它能长成直径达 1.5 米、高 10—15 米的大树，树干通直，木质纤细柔软。胡杨树的树叶阔大清香，但因生长在极旱荒漠区，为适应干旱环境，生长在幼树嫩枝上的叶片狭长如柳，大树老枝条上的叶却圆润如杨，极为奇特。

秋天染黄了
胡杨的叶子

● 沙漠守护神

胡杨林是荒漠区特有的珍贵森林资源，它不仅能防风固沙，创造适宜的绿洲气候，还能形成肥沃的森林土壤，因此，胡杨被人们誉为"沙漠守护神"。

● 生命之魂

胡杨，是生活在沙漠中的唯一的乔木树种，它见证了中国西北干旱区走向荒漠化的过程。虽然现在它已退缩至沙漠河岸地带，但仍然被称为"死亡之海"的沙漠的生命之魂。

☞ 你知道吗

胡杨是沙漠宝树。它的木料耐水抗腐，历千年而不朽，是上等的建筑和家具用材，楼兰、尼雅等沙漠故城的胡杨建材至今保存完好；胡杨树叶富含蛋白质和盐类，是牲畜越冬的上好饲料；胡杨木纤维长，是造纸的好原料，枯枝则是上等的燃料；胡杨的嫩枝是荒漠区的重要饲料；叶和花均可入药。

瓶子树

瓶子树原产于南美，主要分布在南美洲的巴西高原上。到了雨季，在瓶子树高高的树顶上生出许多稀疏的枝条和心脏形的叶片，好像一个大萝卜。当雨季一过，旱季来临，绿叶纷纷凋零，红花却陆续开放，一棵棵瓶子树又变成了插有红花的特大花瓶。

瓶子树之所以长成这种奇特的模样，跟它生活的环境有关。巴西北部的亚马孙河流域，天气十分炎热，下雨的时候比较少。为了与这种环境相适应，瓶子树只能在旱季落叶，雨季萌出稀少的新叶，这都是为减少体内水分的蒸发才不得已而为之的。瓶子树的根系特别发达，在雨季来到以后，它会尽量地吸

植物名片

中文名：瓶子树
别称：佛肚树、纺锤树、萝卜树、酒瓶树
所属科目：木棉科、瓶树属
分布区域：澳大利亚、中国等地

收水分，贮存以备用，犹如一个绿色的水塔，这样，即使它在漫长的旱季中也不会因干枯而死。

贮存量

瓶子树两头细，中间膨大，最高可达 30 米，最粗的地方直径可达 5 米，里面最多能贮约 2 吨的水。

提供水源

瓶子树和旅人蕉一样，可以为荒漠上的旅行者提供水源。人们只要在树上挖个小孔，清新解渴的"饮料"便可源源不断地流出来。

绿色的水塔

129

生生世世都要缠着你

缠绕植物的茎大都因为细长而不能直立，于是这些聪明的植物便依靠自身缠绕支持物向上延伸生长。它们还常常被人们用来形容男女间忠贞不渝的爱情呢。

紫藤

"紫藤挂云木，花蔓宜阳春。密叶隐歌鸟，香风留美人。"李白的这首诗生动地刻画出了紫藤优美的姿态和攀附的特性。

紫藤是一种落叶攀缘缠绕性大藤本植物，它的生长速度快，寿命长，缠绕

植物名片
中文名: 紫藤
别称: 朱藤、招藤、招豆藤、藤萝
所属科目: 豆科、紫藤属
分布区域: 中国、朝鲜、日本等地

能力也强，对其他植物有绞杀作用。紫藤的幼苗是灌木状的，成年后它的植株茎蔓蜿蜒屈曲，在主蔓基部发生缠绕性长枝，逆时针缠绕，能自缠 30 厘米以下的柱状物。人工养护时，人们不能让它无限制地自由缠绕，必须经常牵蔓、修剪、整形，控制藤蔓生长，否则它会长得不伦

国画中的紫藤

不类，既非藤状，也非树状，一旦出现此种形态，非但开花量会减少，甚至会多年不开花。只有养护好了，它才能开出繁盛的花朵，一串串紫色的花悬挂于绿叶藤蔓之间迎风摇曳，如一帘紫色的瀑布，十分美丽。

● 品种多样

紫藤花开了之后可半月不凋。常见的品种有多花紫藤、银藤、红玉藤、白玉藤、南京藤等。

● 绿化作用

紫藤对二氧化硫和氟化氢等有害气体有较强的抗性，对空气中的灰尘有吸附能力，在绿化中已得到广泛应用。它不仅可对环境起到绿化、美化效果，同时也发挥着增氧、降温、吸尘、减少噪声等作用。

◆ 你知道吗

在河南、山东、河北一带，人们常采紫藤花蒸食，做出的食品清香味美。北京的"紫萝饼"和一些地方的"紫藤糕""紫藤粥"及"炸紫藤鱼""凉拌葛花""炒葛花菜"等，都是加入了紫藤花做成的。

紫萝饼

牵牛花

牵牛花有个俗名叫"勤娘子"，顾名思义，它是一种很"勤劳"的花。当公鸡刚啼头遍，时针还指在"4"字上下的地方时，绕篱攀架的牵牛花枝头，就开放出一朵朵喇叭似的花来。晨曦中，人们一边呼吸着清新的空气，一边观赏着点缀于绿叶丛中的牵牛花，真是别有一番情趣。

牵牛花喜欢生长在气候温和、光照充足、通风适度的地方，它对土壤的适应性比较强，较耐干旱盐碱，不怕高温酷暑，喜欢把根扎在深厚的土壤下面。牵牛花的茎比较纤细，长度可达3至4米。它是左旋植物，人们常依照它的盘旋方向搭架，让它更好地向上生长。牵牛花的颜色有蓝、绯红、桃红、紫等，也有混色的，花瓣边缘的变化较多。花期一般在6月至10月，大都朝开午谢，是常见的观赏植物。

植物名片
中文名：牵牛花
别称：喇叭花、朝颜花
所属科目：旋花科、牵牛属
分布区域：温带及热带地区

混色牵牛花

蓝色牵牛花

白色牵牛花

大花牵牛

牵牛花有60多种，当前流行的是大花牵牛。它叶大，柄长，花也大，花茎可达10厘米或更长，原产于亚洲和非洲热带。这种牵牛花在日本栽培最盛，称朝颜花，并被选育出众多园艺品种，花色丰富多彩，在各地广为流行。

美化庭院

牵牛花一直是我们熟悉和喜爱的家常花卉，用它来点缀屋前、屋后、篱笆、墙垣、亭廊和花架，赏心悦目。没有庭院的家庭，也可以在阳台牵以绳索，使其缠绕而上，构成一片花海，十分美艳。

药用价值

牵牛花的药用价值较高，作为中药用的主要是牵牛花的种子——"牵牛子"。黑色的牵牛子叫"黑丑"，米黄色的叫"白丑"。入药多用黑丑，有泻水利尿之功效，主治水肿腹胀、大小便不利等症。

牵牛子

你知道吗

牵牛花的名称由来有两个说法：一是根据唐慎微《证类本草》记载，有一农夫因为服用牵牛子而治好了痼疾，感激之余牵着自家的水牛，到田间蔓生牵牛花的地方谢恩；另一种说法是因为牵牛花的花朵内有星形花纹，花期又与牛郎织女相会的日期相同，故而称之。

茑萝

茑萝与牵牛花同为旋花科一年生藤本花卉，花期几乎与牵牛花同始终，但因其植株纤小，所以不像牵牛花那样多布置于高架高篱，它一般用于布置矮垣短篱，或绿化阳台。它细长光滑又柔软的蔓生茎，可长达4—5米，极富攀缘性，是理想的绿篱植物。当绿叶满架时，只见翠羽层层，娇嫩轻盈，如笼绿烟，如披碧纱，随风拂动，倩影翩翩。花开时节，茑萝的花形虽小，但五角星形的花朵星星点点地散布在绿叶丛中，煞是动人。过去常有花匠用竹子编成狮子形状，让茑萝缠绕蔓延在上面，像一头绿狮，栩栩如生，别有佳趣。根据茑萝的这一攀爬特性，人们常给茑萝搭架，做成各种造型。

植物名片

中文名：茑萝
别称：密萝松、五角星花、狮子草
所属科目：旋花科、番薯属
分布区域：温带及热带地区

开放的茑萝像一颗红五星

槭叶茑萝

羽叶茑萝

圆叶茑萝

● 栽培广泛

茑萝原产于热带美洲，现在遍布全球温带及热带，我国也广泛栽培，是美丽的庭园观赏植物。

● 茑萝种类

茑萝是按照叶片的形状起名的，如叶片似羽状的叫羽叶茑萝。用于观赏的主要种类有羽叶茑萝、槭叶茑萝和圆叶茑萝等。

槭叶茑萝的叶

● 生长环境

虽然茑萝对土壤的要求不高，撒籽在湿土上就可以发芽，但如果有充足的阳光、湿润肥沃的土壤，它开的花就会更多。盆栽的时候如果为它支起架子，供其缠绕，花朵在架子上会显得更加纤秀美丽。

◎ 你知道吗

茑萝全株均可入药，有清热、解毒、消肿的功效，对治疗发热感冒、痈疮肿毒有一定的效果。

我们不怕冷

当严寒到来，许多动物都会加厚它们的"皮袍子"，或者干脆钻到温暖的地方去睡觉，但有不少植物却依旧精神抖擞、若无其事地裸露着它们的身子，好像并没有感觉到严寒的来临。难道这些植物真的对严寒无动于衷吗？

雪莲花

　　雪莲花不但是难得一见的奇花异草，也是举世闻名的珍稀药材。它生长在高山积雪岩峰中，对高山大风、超低气温、强烈光照都毫不畏惧。

　　雪莲的根茎粗壮，茎和叶上都密密麻麻地生长着白色棉毛。这些白色棉毛

植物名片
中文名：雪莲花
别称：大苞雪莲、荷莲、优钵罗花
所属科目：菊科、风毛菊属
分布区域：新疆、西藏、青海、甘肃等地

相互交织，形成了无数的"小室"，室中的气体难以与外界交换，白天在阳光的照射下，比周围的土壤和空气所吸收的热量要多，而绵毛层又可使雪莲花避免遭到强烈辐射的伤害。另外，密集生长于茎端的头状花序两面被长棉毛的叶片包封，好像为雪莲花穿上了一件白绒衣，以保证雪莲花在寒冷的高山环境下顺利地传宗接代。

● 冰雪美人

　　每年 7 月中旬，雪莲花的紫红色筒状小花竞相开放，形成一团团艳丽的大花蕊，在周围宽大的膜质苞叶的衬托下，真像一朵伴着残冰和积雪盛开在冰山上的"冰雪美人"。

● 生长速度

　　雪莲花在生长期不到 2 个月的时间里，身高却能是其他植物的 5—7 倍！它虽然要 5 年才能开花，但实际生长时间只有 8 个月，

这在生物学上是相当独特的。

● 药用价值

　　雪莲花早在清代医学家赵学敏所著的《本草纲目拾遗》中就有记载，它是藏族、蒙古族、维吾尔族等民族的常用药。

你知道吗

　　雪莲分布于我国西北部的高寒山地，是一种高疗效药用植物，但由于人类的过度采挖，雪莲花又生长缓慢，现已非常稀少。如不采取有效措施，严加保护，照现在这种速度采挖下去，不出 10 年，雪莲花就会灭绝。

被制成雪莲花茶

北极地衣

在北极冻土带，你无法看到高耸的树木和遍地的野花，但是当你趴在地上，你就会发现一片迷人的，由袖珍生命构成的森林——北极地衣。地衣是一种真菌和一种水藻在具有象征性亲属关系的共同体中一起成长而产生的。这就是说，真菌和水藻都在为这个生物体的存活做出贡献。真菌为这个生物共同体提供结构，而水藻则负责进行光合作用并提供食物。

植物名片

中文名：北极地衣
别称：无
所属科目：藻类植物门
分布区域：北极地区

北极地衣是北极最典型的低等植物，其寿命最长可达400年。北极环境的特殊性也造就了地衣的物种独特性和基因资源独特性。北极地衣适应了极地的寒冷环境，形成了各种代谢水平和分子水平的适应机制。它既没有真正的根，也没有茎和叶，在显微镜下显现的是菌类和蓝藻类的结合体。这两种植物分工

合作，彼此受益。在干旱和严寒时期，北极地衣能够用休眠暂停活动以适应北极的高寒环境。

● 驯鹿食物

大型地衣是北极驯鹿冬季的主要食物来源，而北极驯鹿在北极地区的人类文化和经济生活中有不可替代的地位。

● 生态指标

北极地衣可以作为监测环境变化的生物指示物。对北极地衣的相关研究对监测北极生态环境变化，揭示地衣的低温抗逆性及发现相关抗寒基因具有重要意义。

● 占据面积

地衣是全球陆地生态系统的重要组成部分，占据了地表约 8% 的面积，并在北极陆地生态系统中占据主导地位，包括生物量和物种多样性两方面。其中就物种多样性而言，北极地衣占世界地衣的 6.5%。

① 微距下的地衣

② 岩石上的地衣

③ 高原上的地衣

🌿 北极柳

北极柳是匍匐生长着的一种柳树，根须发达，植株矮小，呈垫状或莲座状，以抵抗冬季的强风和严寒。北极柳既可以在气候较温和的地带生存，也可以在多雪的冰川地带生存。它可以在北极 –46—–28℃的环境中很好地生存，是一种耐高寒植物。

植物名片

中文名：北极柳
别称：无
所属科目：杨柳科、柳属
分布区域：欧洲、北极、中国新疆等地

在北极，北极柳要在夏季6月中旬以后才开花，由于极昼时这里也很寒冷，它必须在40至70天的时间里发芽、开花和结果。但是由于极夜时没有阳光，植物不能进行光合作用，所以它的生长极其缓慢。这种小灌木是趴在地上的，一片可能就是一株，这样才能适应寒冷、风大地区的自然环境。北极柳相互交织，芽就在由植株形成的一个保护圈中生出，周围有很多苔藓保护芽发出来不受冻害。不光是北极柳，几乎所有北极植物都是垫状低矮的，这和它们生存的自然条件有关系。

⬤ 花开特征

北极柳的花期在每年的6—7月，果期在8月。雄蕊数目较少，具有虫媒花等特征，目前还没有人工引种栽培。

顽强生长的北极柳

北极地区的绿色风景

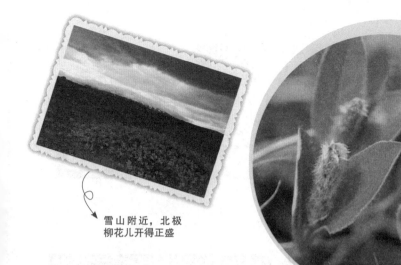

雪山附近，北极
柳花儿开得正盛

花朵悄悄地探出了头

● 形成原因

　　北极地区是永久性的冻土层，地表的冰雪只有
每年夏天才能融化薄薄的一层，即使到了夏季，这
里的最高温度一般也不会超过5℃，而且风很大，
所以绝大多数植物都是草本植物，须根发达，植株
矮小。

你知道吗

　　北极柳在光照时间短、
气温极低、冰雪覆盖的自然
条件下，生长极其缓慢，一
年只能生长几毫米。

开花的北极柳

真真假假的伪装者

聪明的植物为了保护自己，想了个办法——拟态，也就是伪装。它们有的把自己伪装得恐怖些，以吓走要伤害自己的动物；有的把自己扮得像昆虫，吸引昆虫过来传粉。"伪装"是植物在长期进化过程中逐渐形成的本领，对于它们的生存与繁殖有重大意义。

石头花

在非洲南部及西南部干旱而多砾石的荒漠上，生长着一类极为奇特的拟态植物——石头花。它植株矮小，两片肉质叶呈圆形，在没开花时，简直就像一块块、一堆堆半埋在土里的碎石块。这些"小石块"呈灰绿色、灰棕色或棕黄色，

植物名片

中文名：石头花
别称：生石花、象蹄、元宝
所属科目：番杏科、生石花属
分布区域：南非及西南非洲干旱地区等

有的上面镶嵌着一些深色的花纹，如同美丽的雨花石；有的则周身布满了深色斑点，就像花岗岩碎块。这些"小石块"不知骗过了多少旅行者的眼睛，又不知有多少食草动物对它们视而不见。

令人惊奇的是，每年的冬春季，都会有绚丽的花朵从"石缝"中开放。盛开时，一朵朵的石头花覆盖了荒漠，特别好看。然而当干旱的夏季来临时，荒漠上又是"碎石"的世界了。

石头花开花

外形特点

　　石头花的茎很短，常常看不见。叶肉质肥厚，两片对生联结而成为倒圆锥体，有"鞍""球""足袋"等形状。叶顶部花纹形如树枝，色彩美丽。石头花品种较多，各具特色。因其外形和颜色酷似彩色卵石，故被人们称为"活石子"或"卵石植物"。

特殊叶片

　　我们通常看到的石头花是它的一对叶子，这是一种变态的叶器官，不像其他大多数植物长着又薄

> **你知道吗**
>
> 　　石头花具有抗旱的本领，体内有许多像海绵一样能贮存大量水分的细胞。在长期得不到水分补充时，石头花就依靠体内贮存的水分维持生命。当它大量失水时，植株会矮缩并产生皱纹。

又大的叶片。石头花的叶绿素藏在变了形的肥厚叶片内部。叶顶部有特殊的专为透光用的"窗户"，阳光只能从这里照进叶子内部。为了减弱太阳直射的强度，"窗户"上还带有颜色或具有花纹。

家庭种植

　　目前市场上石头花的销量越来越好，人们都非常喜欢它小小的可爱模样。但是在养育期间，一定切记，幼苗成熟后要减少浇水，水量要把握好，宁少勿多。

珙桐

珙桐，是1000万年前新生代第三纪留下的孑遗植物，在第四纪冰川时期，大部分地区的珙桐相继灭绝，只在中国南方的一些地区幸存下来，成了植物界的"活化石"，被誉为"中国的鸽子树"，被列为国家一级重点保护野生植物，是全世界著名的观赏植物。

珙桐枝叶繁茂，叶大如桑，花极具特色，远观如一只只紫头白身的鸽子在枝头挥动双翼。不过，那"鸽子"的"双翼"并非花瓣，而是两片白而阔大的苞片。而紫色的"鸽子头"，则是由多朵雄花与一朵两性花或雌花组成的顶生头状花序，宛如一个长着眼睛和嘴巴的鸽子脑袋，而黄绿色的柱头像鸽子的喙。每到春末夏初，珙桐树含芳吐艳，一朵朵紫白色的花在绿叶间浮动，犹如千万只白鸽栖息在枝头，振翅欲飞，寓意"和平友好"。

植物名片

中文名： 珙桐
别称： 水梨子、鸽子树、鸽子花树
所属科目： 山茱萸科、珙桐属
分布区域： 中国特有，已引入欧洲和北
美洲

● 生长环境

珙桐喜欢生长在海拔 1500—2200 米湿润的常绿阔叶和落叶阔叶混交林中，喜欢中性或微酸性腐殖质深厚的土壤，喜欢空气阴湿的地方，成年后趋于喜光。

● 珍品木质

珙桐是国家 8 种一级重点保护植物中的珍品之一，为珍稀名贵的观赏植物。其材质沉重，为制作细木雕刻、名贵家具的优质木材。

● 生存危机

由于森林遭到砍伐破坏，以及人们挖掘野生苗栽植，珙桐的数量逐年减少，分布范围也日益缩小，若不采取保护措施，有被其他阔叶树种更替的危险。

你知道吗

珙桐被称为"植物界的活化石""植物界的大熊猫""和平使者"。珙桐最初由法国神父戴维斯于 1869 年在四川穆坪发现，并由他采种移植到法国。在以后的近两个多世纪里，全世界广泛引种，大量栽植，珙桐成为世界十大观赏植物之一。

角蜂眉兰

角蜂眉兰，小巧而艳丽，像极了一只雌性的胡蜂，同时它还会模仿雌性胡蜂特有的气味，这让雄性胡蜂毫无抵抗力。每当春天来临，在地中海沿岸的草丛中，角蜂眉兰就相继开出小巧而艳丽的花朵，期待着雄蜂的到来。这种眉兰圆滚滚、毛茸茸的唇瓣由三枚花瓣的中间一枚特化而成，上面分布着棕色的花纹，和雌性胡蜂的身躯简直如出一辙。这时，一些先于雌胡蜂从蛹中钻出的雄胡蜂，正在到处寻找自己的另一半，误以为眉兰的唇瓣是一种雌蜂，便落在假配偶身上。于是，在眉兰唇瓣上方伸出的合蕊柱上的花粉块，正好粘在了雄蜂的头上。当求偶心切的雄蜂又被别的眉兰欺

植物名片

中文名：角蜂眉兰
别称：无
所属科目：兰科、眉兰属
分布区域：地中海沿岸地区

你知道吗

兰科植物被认为是被子植物中高度适应昆虫传粉的类群，在全世界已知的大约两万种兰科植物中，最著名的就是利用"伪装术"骗取昆虫为它"做媒"的眉兰属植物。

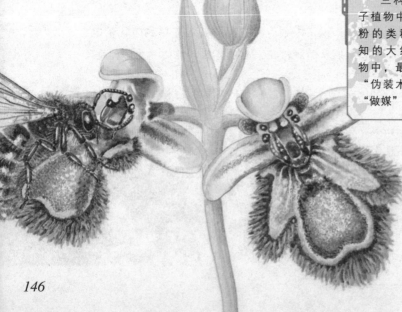

骗而再次上当时，又正好把花粉块送到了新"配偶"的柱头上。角蜂眉兰就是这样一次次地瞒过了可怜的雄胡蜂，达到传授花粉的目的。

● 拟态行骗

眉兰属大约有十几种植物，主要分布在地中海周围的国家和地区。科学家多年的研究结果表明，这些眉兰都是通过拟态的手段来骗取"媒人"惠顾的。受骗的昆虫有黄蜂、蜜蜂和蝇类，甚至还有非昆虫的蜘蛛，但都是雄性，而且每一种眉兰都有一种特定的传粉者。

● 求爱信号

其实，眉兰不仅只通过对雌蜂或雌蝇等形体外表的模仿来达到引诱雄性个体为其传粉的目的，新的研究结果表明，每一种眉兰还能释放出与特定传粉者性信息素相似的化学物质，使雄性个体误认为是雌性个体向它发出了求爱信号，因此能在一定范围内准确地判断出"配偶"的位置，前去赴约。

水鬼蕉

　　水鬼蕉，又叫蜘蛛兰，它的名字来源于希腊语。你看它的花瓣细长细长的，而且分得很开，和蜘蛛的长腿还真挺像的，而花朵中间的部分就像是蜘蛛的身体。

　　水鬼蕉因为长得太像蜘蛛了，所以帮它传播花粉的是见到蜘蛛就会非常兴奋的节腹泥蜂。节腹泥蜂是一种见着蜘蛛就想用自己的毒针对它发起攻击的动物，但是它的眼神可不太好。节腹泥蜂发现水鬼蕉时，以为是蜘蛛，就拼命地对它进行攻击，直到发现这不是真正的蜘蛛才停下来。但是，节腹泥蜂的身上已经在刚才的"激战"中沾上了水鬼蕉的花粉，当它被下一朵水鬼蕉欺骗时，它就能把身上的花

植物名片

中文名：水鬼蕉
别称：蜘蛛兰、蜘蛛百合
所属科目：石蒜科、水鬼蕉属
分布区域：菲律宾、缅甸、马来西亚、巴布亚、几内亚等国家的热带丛林

粉传播出去。水鬼蕉也因此完成了花粉的受精过程，说起来，节腹泥蜂还成了水鬼蕉的"媒人"了呢。

● 生长条件

水鬼蕉有两大喜好：一是喜欢阳光，日照充足的条件下较容易开花；二是喜好湿润的气候，如果天气炎热，最好是经常给它喷水、浇水，为它创造出最好的生长环境。

● 奇特花朵

水鬼蕉一般在6—7月开花，花开白色，花形别致，叶片更是姿态优美，玲珑有致。在温暖的地区，适合作盆栽观赏，也可用来布置庭院或花坛，既别致又漂亮。

你知道吗

美丽的水鬼蕉可以入药，因为它的鳞茎中含有石蒜碱和多花太仙碱等多种生物碱，有舒筋活血、消肿止痛的功效，可用于治疗跌打肿痛、初期痈肿、关节风湿痛、痔疮等症。

小心，它们有毒

知道植物也会有毒吗？大自然中的一些植物为了保护自己，让自己充满毒性，入侵者或者误食者会被毒死。所以我们一旦遇见了这些植物，就要小心呐，它们有毒！

荨麻

当你在林下沟边或者住宅旁阴湿的地方玩耍或劳作时，你可能会感到突然的刺痛，好像被蝎子蜇了一样，并且皮肤上还会出现红肿的小斑点，这些小斑点往往要过一段时间才能消退，这就是

<table>
<tr><td colspan="2" align="center">植物名片</td></tr>
<tr><td>中文名：</td><td>荨麻</td></tr>
<tr><td>别称：</td><td>蜇人草、咬人草、蝎子草</td></tr>
<tr><td>所属科目：</td><td>荨麻科、荨麻属</td></tr>
<tr><td>分布区域：</td><td>广泛分布于亚欧大陆</td></tr>
</table>

被荨麻蜇了的缘故。荨麻，俗称藿麻。它的茎叶上的蜇毛有毒性，人或动物一旦碰上就如被蜜蜂蜇了一般疼痛难忍。它的毒性能使皮肤在接触后立刻引起刺激性皮炎，产生瘙痒、严重灼伤、红肿等症状。被荨麻蜇后不用惊慌，马上用肥皂水冲洗，症状就可得到缓解。

研究表明，荨麻科植物之所以能蜇人，是植物体上的一种表皮毛在作怪。这种毛端部尖锐如刺，上半部分内部是空腔，基部是由许多细胞组成的腺体，这种腺体充满了毛端上部的空腔。人和动物一旦触及，刺毛尖端便断裂，放出蚁酸，刺激皮肤使其产

① 阴湿处的荨麻开得正盛

② 野外遇见荨麻一定要小心

生痛痒的感觉。可以说荨麻的这种行为是正当防卫,它能让食草动物望而生畏。

生长环境

荨麻是喜阴植物, 生命力旺盛, 生长迅速, 对土壤环境要求不高, 喜温喜湿。它们一般生长在山坡、路旁或住宅旁的半阴湿处。

防盗设施

荨麻适合用作庭院、机关、企业、学校及果园、鱼塘的防盗设施。将荨麻的鲜株或干品放在粮仓或苗床周围, 老鼠一见到它就立即逃之夭夭, 所以它有“植物猫”之称。

经济价值

荨麻是很有经济价值的野生植物和农作物。荨麻的茎皮纤维韧性好, 拉力强, 光泽好, 易染色, 可作纺织原料。古代欧洲人很早就用它来纺织衣物, 如《安徒生童话·野天鹅》中的艾丽莎就采荨麻为她的哥哥编织衣物。

你知道吗

国外十分重视对荨麻的研究和利用。荨麻的茎叶烹制加工成各种各样的菜肴,有凉拌、汤菜、烤菜,也可制成饮料和调料等。荨麻种子的蛋白质和脂肪含量接近大麻、向日葵和亚麻等油料作物。荨麻籽榨的油,味道独特,有强身健体的功能。

荨麻茶

水毒芹

有些植物十分厉害，它们同时拥有毒素和异味两种自卫"武器"。水毒芹就是这样，不仅有毒，而且还有难闻的气味，食草动物远远闻到它的气味就转向别处觅食了，很少去进攻它。

水毒芹，被美国农业部列为"北美地区毒性最强的植物"。水毒芹的根部

植物名片

中文名：水毒芹
别称：野芹菜、白头翁、毒人参、芹叶钩吻、斑毒芹
所属科目：伞形科、毒芹属
分布区域：北美洲

位置有一种毒芹素，这种毒素能够破坏人的中枢神经。误食者将面临死亡的危险，食后不久即感觉口腔、咽喉部烧灼刺痛，随即会胸闷、头痛、恶心、呕吐、乏力、嗜睡；继而可能会慢慢因呼吸肌麻痹窒息而死。致死时间最短者仅数分钟，长者可达 25 小时。即使幸运生存下来，也将面临健康状况长期低下的困扰，比如可能会患上失忆症，等等。

水毒芹细长的茎部充满了毒素汁液

西水毒芹

● 生长环境

水毒芹多生长于沼泽地、水边、沟旁、林下湿地处和低洼潮湿的草甸上。

● 致命的美丽

很多有毒的植物都异常美丽，水毒芹也不例外。它开出白色的小花朵，衬托着紫色条纹的叶子，显得美丽诱人。水毒芹的根为白色，所以很容易被野外劳作的人错当成欧洲防风草食用，这可是致命的。

● 毒性强度

水毒芹通常身高为 0.6—1.3 米，最高可以长到 1.8 米。水毒芹的气味令人难受，能麻痹运动神经，抑制延髓中枢。人中毒量为 30—60 毫克，致死量为 120—150 毫克；加热与干燥后可降低毒性。

开出白色花朵的水毒芹

你知道吗

水毒芹和毒芹是有所不同的。因毒死先哲苏格拉底而恶名远扬的毒芹含有毒芹碱，这种毒素能够让中毒者的呼吸系统陷入瘫痪，最终致人死亡。毒芹与水毒芹的共同点是，它们都是胡萝卜家族的成员。

就喜欢待在咸咸的地方

土壤中盐分过多，可造成植物根系吸水困难，所以大多数植物都不能在含盐量较高的盐土里生长。但是，即使在这样的环境中，仍然有一些植物能健壮地生长，它们是怎样适应这种特殊环境的呢？

盐爪爪

盐生植物的抗盐特性各不相同。

盐爪爪，这种有着可爱的名字的植物十分耐盐碱，它能在细胞内积累大量的易溶性盐，使植物细胞的渗透压在40个大气压以上，保证水分的吸收。同时，它的原生质对盐分又有很高的抗性，所以能在含盐分高的土壤中繁茂生长。

植物名片
中文名：盐爪爪
别称：无
所属科目：藜科、盐爪爪属
分布区域：蒙古、西伯利亚、哈萨克斯坦、高加索等地

盐爪爪虽然抗盐碱，却不能忍受长期生长在被淹没或过度湿润的环境中，所以它们大多生长在膨松盐土和盐渍化的低沙地、丘间低地。如果你看到有地表形

细枝盐爪爪

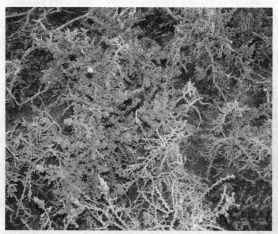

尖叶盐爪爪

成盐结皮，或者盐分较重的土壤，这种环境下你一定会看到细枝盐爪爪和尖叶盐爪爪的身影。

开花的盐爪爪

生长形态

盐爪爪属于小灌木，身高只有20—50厘米，茎直立或平卧，有很多分枝，老枝呈灰褐色或黄褐色，小枝上部为黄绿色。它的叶片呈圆柱形，肉质多汁，展开成直角，或稍向下弯。千万别以为盐爪爪不开花，它的花每3朵生长在一鳞状苞片内，花期为7—9月。

生长习性

随着季节的变化，盐爪爪一般成丛生长，覆盖率较高。盐爪爪的基部常常积成小沙堆，而一旦积沙超过20—50厘米，盐爪爪将慢慢走向死亡。

产量较高

盐爪爪的产量在沙生植物中是比较高的。秋季是它全年产量最高的季节。一般较大的盐爪爪株丛，生长旺盛，产量也高。

盐爪爪产量很高

你知道吗

在盐碱地上生长的盐爪爪是很好的饲料。它的种子磨成粉后，人可食用，也可饲喂牲畜。肉质多汁的盐爪爪是骆驼的主要饲草。

盐角草

盐角草是地球上迄今为止报道过的最耐盐的陆生高等植物之一。在我国西北和华北的盐土中，常常能看到它们的身影。盐角草为什么这么耐盐呢？有人做过这样一个实验：把盐角草的水分除去，烧成灰烬，一分析结果，干重中竟有 45% 是各种盐分，而普通的植物只有不超过干重 15% 的盐分。盐角草们把吸收来的盐分集中到细胞中的盐泡里，不让它们散出来，所以，这些盐并不会伤害到植物自己，并且它们还能照样若无其事地吸收到水分。

盐角草体内不仅盐分含量高，含水量也很惊人，可达体液的 92%，所以它最能在盐地上生长。基于其显著的摄盐能力和集积特征，盐角草可作为生物工

植物名片	
中文名：盐角草	
别称：无	
所属科目：藜科、盐角草属一年生植物	
分布区域：中亚、哈萨克斯坦、高加索、中国新疆	

盐碱地上生长的盐角草